目 录

沿山坡跌落的建筑山墙面（罗德胤 摄）

前言

我们研究乡土建筑12年了，主要在浙江、江西、山西、福建、广东几省跑，河北和陕西只各做了一个课题。朋友们纷纷建议我们到西部去选几个点，可惜那里人生地不熟，所需的经费又太多，迟迟没有下决心去。但换一个地区，换一种聚落类型，对我们的研究无疑是有很大好处的，所以我们并没有放弃到西部去的想法。

2001年夏天，一位朋友邀我到四川阿坝藏族羌族自治州去了一趟，看了几个羌族寨子，使我大开眼界。那位朋友正在做两个羌寨的保护规划，我就竭力怂恿她和她的学生们加一把劲写出研究著作来。原料如此精彩，她们的测绘和调查又很深入细致，为什么不写呢？如果凡有机会和条件的人都动手写一写，那么，我们在这个领域里可以积累起一大笔文化财富。

回到成都，得知西南交通大学建筑系的老师们正在做乡土建筑的研究。季富政老师答应过几天把他已经出版的两本书给我寄来。我心情很愉快，在老同学陆强的盛情陪同下，乘车向南做了一趟纵穿川中盆地的旅行。一路看了几个镇子，建筑形制和历史文化内涵都和我们以前在东部见到过的大不一样，使我越发兴奋起来的是，当地的朋友们已经开始着手保护它们。在自贡的仙市镇，我们正赶上开保护规划的论证会，挂了满墙的彩色图纸，工作做得很认真。

最后来到合江县的福宝镇，它在县城东偏南45公里。这是一个大约兴起于清代初年“湖广填四川”时的古镇。镇很小，原来只有一条两百多米长的街，在一个小山冈的脊上延伸，起伏很大。一条白色溪环绕小山冈，注入旁边的蒲江，蒲江直奔长江，从福宝起可以通航，本地的物产以竹木为大宗，顺江外运。又有一条从川中盆地通往贵州遵义的大路经过福宝，川黔两省之间交通贸易给它增强了活力。福宝镇曾经十分繁荣，沿街密密挤满了杂货店、糖食店、绸布店、茶楼、酒肆、栈房、染坊、银楼，还有大烟馆和妓院。福宝场又是一个相当大的地区里的宗教中心，所以曾经叫过佛宝场。街上至少有14座庙宇宫观，占了全场土地的大约三分之一。镇子外围还有一些庙宇。庙宇往往是民俗文化活动场所，不是演戏就是庙会，一年四季，福宝场大大小小总有些热闹，所以它又可以说是一个地区里的文化中心。作为经济、宗教、文化的中心，水旱交通枢纽，自然免不了有盛行于四川全省的哥老会袍哥的活动。所有这些，加上移民的特殊习惯，福宝镇的历史文化蕴藏非常丰富，而且带着强烈的地方色彩。1949年以后，福宝发生过一连串的变化，宗教中心的作用减弱了，文化活动的组织者由文化馆担当起来了，大烟馆、赌场和妓院消失了，但场镇的老格局依然故我。

合江县接待我们的是旅游局兼城建局的副局长贾大戎先生。1982年至1986年，他是福宝镇的党委书记。正逢改革开放，农村经济突然之间有一个大发展。和全国一样，三十年没有造新房子的福宝镇这时候面临着迫切的建造新房子的需求，一来为了适应经济生活的跃进，二来为了安置已经增加了几倍的人口。和全国大多数农村不一样的是，贾先生和镇党委决心把古老的福宝镇保护起来，不拆不改，而在镇址小山冈的西侧，白色溪与蒲江之间，开发新区，在这里规划了双河街。到了1990年代，新区继续扩大到蒲江以西，在那里建造了西河街，借用的是旧名称。这实在是一个有远见卓识的决策。一方面，新区地势开阔平坦、交通便利；一方面，把旧街当成文物保护，把它携带着的可贵的历史信息永久地传承下去，提高后人的生活品位。新与旧各得其所，互不干涉。

不过，一个世界各地都发生的情况在福宝镇也发生了。新区发挥了强大的生命力优势，无论是房子的舒适，商业、服务业的繁荣，还是交通的便捷，新区都远远超过老街。老街上的住户，一部分靠外出打工赚了几万元钱，回来就到新区买地造房子，住家开店了，另一部分则还在外地打工，不久等赚够了钱，也会到新区居住。于是，老街冷落了，延续了两百多年的集日，也移到新区举办了。老街的住户大幅度减少，留下的大多是老年人和他们正在福宝的中小学读书的孙儿孙女。不过，老街上又来了些“新移民”，那就是四方的农民把孩子送到福宝来读书，在老街租一幢房。街上只剩下几家小店还开着，了无生气。老板娘们开店只为了消遣，并不指望它赚钱过日子。其余绝大部分老字号都封上了门面。学生长大了会离开，老人们将以另一种方式离开。虽然会有新的学生和他们的祖父母来住，但老街的复兴是不可能的了。

看到这样的情况，我既为新区的发达高兴，也为老街的衰败感伤。但老街自有它不可替代的魅力，作为历史文化遗存的永远不会消逝的魅力。随着产生它的时代的远去，这价值甚至还会增长，至于不可避免的冷清衰败，对于一个要保存下去的聚落来说，并不完全是坏事，这种情况倒为老街道、老房子解除了许多负担，使保护工作易于进行。我们不必过于强调恢复作为文物的聚落的生气活力。那种生气活力和古老的聚落环境不可能长期共存，它们的存在和发展必定会要求改变古老的聚落环境，最终导致文物价值的丧失。所以，为了保存古老的聚落，必须适当地抑制它的生气活力，即使最后走向“博物馆式”的保存，也在所不惜。我们根本不可能既保存一个聚落的古老原状，又教它满足迅速发展的现代生活。那是幻想，最好及早放弃，以免造成损失。

福宝镇的幸运就在于它的新区已经形成，它的地理条件可以使新区不干扰老街的保护，老街也不会妨碍新区的发展。

但老街必定会长远地保有它的生命力，这就是作为文物、作为历史文化遗存的特殊的生命力。

福宝老街的景观也是足以打动人心的，那是一种充满了浪漫的幻想、充满了诗情画意、充满了沧桑之感的景观。它具有历史的庄严性。难怪已经有好几部电影和电视剧在这里拍摄外景。也不断有摄影家和画家来写生。

当然，及时而合理地维修整理，增加各种设施，装修内部，以适当提高居住质量和安全性，消灭破败的贫民窟面貌，还是完全必要的。

我们很快便决定选福宝场作为下一个研究课题。2001年11月，我们着手研究工作，2002年4月又去了一趟。调查并撰写文稿的是陈志华，主要的摄影者是贾大戎和楼庆西，有一些照片是李秋香和罗德胤拍摄的。高岩、朵宁、张文贺、尹风、罗德胤在楼庆西指导下测绘了古建筑，李秋香校核了一遍。

前后两次现场工作，贾大戎先生都给了我们热情而有效的支持。特别是，贾先生把他多年来在福宝场的摄影作品选最好的都拿了出来，使我们的成果增添了光彩。有一些和我们的研究有关但我们难以到达的地方，或者已经失去了时机的场景，更是全靠贾先生提供的照片了。合江县文化馆前馆长王庭福先生也给了我们很大的帮助，他找来了全部四套县志和其他一些史料①，对一些问题提出了看法。福宝镇文化站的钟惠宣先生生气勃勃，帮我们解决了许多现场的问题，如借族谱，找古碑，邀请各方面的知情人，等等。老街上的龚在书、蒲柏龄、李昌荣、杨银白、王本国几位老先生成了我们最好的顾问，告诉了我们许多重要的情况。我的稿子写得很乱，乱得我不得不一次又一次在校样上做不少修改，打印室的李莉女士，以极大的耐心承受了这些麻烦，我也很感谢她。

最使我们感动的是陈光莲和胡荣华夫妇，他们主动负担了我们第二次工作的全部食宿费用，还派车到重庆接我们，送到镇上，最后一直送回重庆。陈光莲请了七天假，始终陪着我们，担任“后勤部长”的任务，天气骤然变化，还给我买来了衬衣。她天天背一大包瓶装矿泉水，随时叫我们喝，见到地方特色食品，便请我们品尝。当然，她还是最好的翻译。由于最后两天连降大雨，交通不便，我们没有再到尧坝镇去找

① 有乾隆、嘉庆、同治、民国四套《合江县志》。

山墙立面

对照资料，没有进山察看红牵子的川黔故道，也没有到宋末抗元时建造的神臂城拍摄全国最大的“蛇盘龟”石刻。待回到重庆，第二天上午天气竟然晴了，陈光莲赶紧托朋友到旅馆来找我们，要我们退掉飞机票，她驱车来接我们回去。可惜朋友来到之前十几分钟，我们离开旅馆到飞机场去了。

我们不但享受了工作的乐趣，也享受了热情的友谊。这使我们更加努力、更加认真地工作，不敢怠慢，不敢马虎。

关于福宝场本身的文献资料极少，我们不得不大多依靠口传史料，而时过境迁，许多事情老人们也不清楚，有些事各人的记忆相差很大，甚至同一个人，相隔两天说的情况也会有不小的出入，很难核对，所以我们写的报告，可议之处难免不少，好在在基本事实方面不会有多少舛误。

从哥老会说起

到福宝镇的头两天是半阴晴，一阵一阵的阳光，虽然早过了立冬，但天气又潮又闷，上一段台阶，身上就发黏。第三天下雨，空气反倒干爽了。我把龚在书老先生邀到小茶馆里，找一个靠街的桌子坐下，请他接着讲讲福宝镇过去的情况。龚先生年轻时是个刻字匠，后来在供销社工作，平日很留心镇上的事情，记得街上整整一百家店铺的营业项目、店主姓名和身份。龚先生大我一岁，74了，已经陪我在街上跑了两天，我们都有点儿疲累，趁雨天，就喝杯茶慢慢聊聊，当地话叫“摆龙门阵”。

老街上没有多少人。年轻的不是到外地打工去了，就是搬到白色溪以西的新区去了。留下的大多是老年人，加上几个侍候公公婆婆的媳妇和交给爷爷奶奶照顾的中小学生。一下雨，街上更加冷清，檐头的滴水打着地面，一声一声都听得分明。

骨头都酥软了，不想再谈什么枯燥而又难记的事和人。找些轻松有趣的话题，谈着谈着就聊到了哥老会，这可是四川特有的话题。没有想到，龚先生自己就曾经是一个“袍哥”。袍哥就是哥老会成员。一提起袍哥，他来了兴致，把两只大拇指竖起来，右腕搁到左腕上，笑眯眯叫我看这个手势。我一发呆，他就解释说，这意思是：“我是大爷。”大爷就是舵把子。接着把右手往上一挪，搁到左前臂中央：“这叫我是二爷。”再往上搁到臂弯：“我是三爷。”哥老会是流行于四川城乡的民间

福宝镇全景

组织，分“仁、义、礼、智、信”五个堂口，每个堂口有大爷、二爷、三爷，以下是五牌、六牌、九牌、十牌。没有四牌、七牌和八牌。据说老早从前，什么地方有个四牌当了“叛徒”，所以就取消了四牌。七牌和八牌不知为什么也没有了。大爷，舵把子，也叫大哥，是总当家；二爷不管事，但人品最能服人，又叫“圣贤”；三爷是“能人”，实际的管家，说话算数。五牌是三爷的帮手，六牌又是五牌的帮手。九牌是众多的普通成员，十牌是初加入的，又叫“老幺”。普通成员自报身份的方式是用右手拍拍左肩，老幺则是摸一下耳垂。

堂口的成员有身份的差别。仁号成员大多是“少爷、公帮和仕宦”，就是绅粮和公职人员；义号是“买卖客商”；礼号“刀刀枪枪”，就是小商小贩；智号则“猴猴囊囊”，都是些医卜星相、三教九流的人，龚在书先生叫他们“知识分子”。福宝没有信字号。信号的成员大多是苦力和乡农，“焦干二十四”，而福宝是个场镇。

这个话题很有趣，老板娘端上两杯茶，就打横头坐下了。四川的城市和场镇里，最多的是茶馆，一家挨一家。镇上的小茶馆，一家一间店面，最多放三四张桌子，很平民化，常去坐坐摆龙门阵的都是些小买卖人和苦力。乡里人挑一担菜到街上卖，换几个钱就进茶馆，不管认识不认识，八个人围一个方桌坐下，谈天说地，不到饭时不走。直到现在，茶馆仍然是四川场镇里的特殊景观，坐满了穿蓝色短衣、头缠白帕的男子汉，个个抽着旱烟杆，一屋子蓝色烟雾直往街上冒。茶馆的设备也很粗糙简陋，白木桌子，条凳，柜台上偶然有几碟豆腐干，买的人没有几个。人们来喝一杯茶，为的是享受一阵社会交往的乐趣。以前福宝老街的一百来家店铺里，有五家茶馆，其中一家是双开间，一家是三开间，规模之大算是少见的了。不过，自从1980年代开辟了新区之后，老街居民不多，只剩下两家茶馆，一家是那三开间的老茶馆，过去叫天禄阁，1949年后换了老板，没有给茶馆起名字。另一家是单开间的，过去是卖糖果糕饼的京果店。两家的主管都是中年妇女，一面照应老人孩子，一面张罗顾客。其实也没有什么顾客，寥寥几个街坊邻里，进来坐坐，摆摆龙门阵，并不花钱喝茶。最常来的是几位老太太，凑在一起打纸牌。纸牌一寸来宽，三寸来长，叫作“大二”，是四川特有的，据说规则很简单，输赢数也不大，只求消磨时间。打一上午，只给老板娘五角钱。

一杯茶也是五角钱。端给龚老先生的是一只搪瓷杯，有几块圆形的黑疤。端给我的是一只盖杯，盖子缺了一个大口子。福宝过去是产茶叶的地方，春季收了新叶，放在石臼里用木杵捣成饼子，晾干了，运到宜宾去，在那里加工成沱茶，运销云南、贵州。我们坐的这家茶馆，出门向右下几十步台阶有个巷子口，踅进去，一排房子都是捣茶叶的作坊。龚先生说，过去每到茶季，那里热闹得很。现在作坊早已经歇业，冷冷清清，住着几户人家。龚先生叫我喝一口茶，问我什么味道，我品不出什么来。他说，这叫“白茶”，不是茶树的嫩叶泡的，是用茶树的枝干，削成薄片，在砂锅里熬的。我一看，杯子里果然没有叶片。“白茶”是福宝的特产，说起来又会有许多清热解毒、活血化瘀之类的好处。

大约是因为下雨，打牌的老太太们没有来，四张茶桌，只有我们，连老板娘三个人，坐在一起接着聊天。我问龚老先生，哥老会是干什么的呢？为什么要加入哥老会？老先生说，加入哥老会是一种风气，街上的成年男子，如果不“海”（加入）袍哥，人家就觉得你不是个“打烂仗”的人（不安分守己）就是个“冬菇儿”（脑筋糊涂），不合群。所以街上一百个男人里至少有九十个是袍哥。好处嘛，也不好说，就是出门在外，“打流跑滩”，到当地相同的袍哥堂口里打个招呼，拜了码头，就可能少一点麻烦。福宝人从前外出打工或者跑买卖的就多，向南挑担子翻山越岭到贵州遵义，向北顺大漕河进入长江，往下是重庆，往上是泸州、宜宾，溯沱江、岷江到成都也不远。出外谋生，总希望有人照应，遇到难事好找个依靠，这哥老会就是这样的组织。老先生说，到了外地，如果不拜码头，赌赢了钱也拿不回来。拜了码头，赢多少拿多少。

我想，哥老会的兴起也许还有一个原因。明清之交，“八大王剿四川”[①]，杀得白骨蔽野，地土荒芜。后来清兵入川，接着杀，四川土著所剩无几。天下大定之后，朝廷定了几条优惠政策，吸引外省人大量向四川移民，这些人初来的时候，地广人稀，政府基层组织不全而且软弱无力，血缘的宗族和地缘的会馆因为人口密度不大还来不及形成。但社会是不能没有组织的，于是民间继承天地会的余绪就自发产生了互助组织哥老会，讲究江湖义气。最初团结成员的口号是“反清复明”。后来渐渐分化，有好有坏，有善有恶，性质和作用并不一致。

我问龚老先生，“海”袍哥，有没有烧香叩头、歃血盟誓之类的手续。他提了提精神，说：“哪能没有？要找三个袍哥办手续。有讲究的哇，他们各有名堂，叫作‘引、保、恩’。引是引见，保是保举，都要五牌以上。恩是恩准，就是大爷。”“海”袍哥还要交五升米。不过，倒是没有什么会员证之类的东西。

哥老会既没有血缘关系又没有地缘关系，只讲求哥们儿义气，所以崇拜以义气传颂万代的刘、关、张三兄弟，每年旧历五月二十三日举行一次关圣人“单刀会”来隆重祭祀他们。龚老先生说，袍哥都遵守严格的规矩，凡犯了不孝父母、不敬尊长、欺侮妇女和乱伦等罪行的，都要“传查”，就是大爷、二爷、三爷坐堂审判犯人。轻的叩头认罪，或者开除，叫“搁袍哥”。重的判打板子甚至死刑。死刑很残酷，有一种“三刀六眼”，就是捅三个“透明窟窿”。还有挖坑自埋的刑罚。

我读过李劼人和沙汀的小说，有些地方的哥老会有点儿黑，便带点挑衅的意思追问，哥老会就不做坏事了？龚先生显然不大爱说这个话题，讪讪一笑，说：“差不多个个都是袍哥，还做得了什么坏事？”

在一旁哼哼哈哈听了半天的老板娘忽然插话了：“不做坏事？”声音有点儿激动，右手中指叩一下桌子，说：“那老二不就是跟堂口勾结的？”“老二”是土匪的别称，福宝镇两百多年里，受土匪的祸害可多了，不但抢，还要烧房子，所以直到现在，一提起土匪，许多人马上就来气。龚老先生怕老板娘上火，立刻赔笑，说：“是的，是的，没有堂

① 八大王即张献忠。

口掩护，当不了土匪。”刘家巷西口住着一个叫刘汉民的小地主，是礼号的大爷，国民党时候当剿匪大队长，其实跟土匪通声气。共产党来了，他上山当了土匪中队长。被捕以后，考虑到从前他曾经两度劝止土匪抢劫福宝，所以从轻发落，只判了三年刑。他家有一座碉楼，前几年拆掉了。“街上做生意，都要给舵把子交保护费，不交，就砸了，是不是啊？”老板娘紧追不放，又补上一句，“还有开鸦片烟馆，开妓院，开赌场。”龚先生说：“那个嘛，不敢公开的。”老板娘不服气，指一指左边：“那家长乐社，不是前堂卖茶开赌，后堂又吃（烟）又嫖！”长乐社离我们坐着的茶馆不远，在老街中央的坝子[1]上，两间门面，是仁字号的茶馆。叫长乐社，是因为它组织川剧的“玩友”，也就是票友，在那里唱戏过瘾，有一把胡琴、一堂锣鼓的小小乐队伴奏。1950年代，为了办卫生所，把这幢房子改造成了砖木混合结构的，现在卫生所搬到新区去了，房子空着，门脸上还留着个红十字。老板娘又把手往右边老街的南半段一指，说：“那几家茶馆，义号的集贤居，礼号和智号的什么，还不是一样。”当年袍哥一个堂口开一家茶馆，这茶馆就是他们的“办事处”。除了烟、赌、嫖，还在茶馆里谈生意、斗地盘、贩卖人口、闹纠纷，有时候也调解纠纷，叫“吃讲茶”。

老先生说：“天禄阁可不是袍哥的。”天禄阁老板叫刘秉仲，自称刘邦的后代，专爱结交区乡政府的文武小官吏，因此仿汉代皇家旧例，把茶馆取名为天禄阁。它就是老街南端十字路口那三间门面的茶馆，后院有一幢三开间的三层小楼，民国年间造的，是镇上唯一的砖楼，叫“逍遥宫”。[2]那里是“五毒俱全”。龚老先生放低了声音说：“那里的女人都是外地来的，街上的一个都没有。”

从避忌谈土匪、鸦片、赌博和妓女，到脱净本街妇女和卖淫的干系，龚老先生步步为营，力求回护福宝场的声誉。他实在是热爱他的家乡啊！

---

① 坝子，四川话指平地。福宝老街中央的坝子，类似一个小广场。

② 1952年土改之后，逍遥宫当作镇政府，法院也驻在这里。

福宝是个场镇，又是个寨子。进寨子的街巷口上都有寨门，街中央坝子两头又有寨门，一共十道寨门。还有三座碉楼，两座在镇子的西侧边缘，一座在东侧边缘。防卫很严。绅粮和大店铺出钱养三四十个防兵，叫“门户练”。老先生说，小股土匪来，寨门上有动静，各家各户就紧闭门户，土匪不敢久留，往往抢一两家就走了。也发生过几次绑票，叫“拉肥猪”。老板娘又说了：“甲子年那场火，烧掉了一大片房子。”甲子年大火，我来了只有三天，就听到好多次了，忙问是怎么回事。老先生回答：“天禄阁的老板刘秉仲，是个大绅粮，甲子年，刻薄过一个雇工，为一点不清不楚的事把那雇工开除了。雇工就去当了土匪，结伙来抢场报仇。那天他火烧天禄阁，火蔓延开来。幸亏坝子的南寨门紧紧关闭，断了火路，可惜门外房子都烧了，连天后宫也烧了。”老板娘接着说：“后来那一大段街都是王家人出钱修复的，政府答应王家人永远免税。”街上老人到现在纪年还用干支法，六十年一轮回，对他们一生来说大概够用了，但说到古老事情就很麻烦。因为老先生说那场大火至今不到一百年，火场重建的时候他还看到上梁喝酒放炮，我算了一算，这个甲子是1924年，到现在84年了。老先生又讲了一个故事：甲子年的事件里，有一个土匪在仓皇逃走时把抢来的二十锭银子丢进张爷庙隔壁黄姓染坊的染池里，说：“你姓黄，我也姓黄，送给你了罢。”后来黄老板靠这些银锭扩大了染坊，发了财。

谈袍哥谈到了土匪，又牵扯出许多有趣的话题来，都靠老板娘打岔。我们在别的地方调查，应对的都是男子，妇女不参与，不插嘴，问到她们，大都不知道多少情况。福宝街上的妇女可是不同，个个健谈，甚至抢着说话，知道的情况不比男人少。因为细心，记事比男子更具体。好像受教育程度也比男子高，男子说不清楚的话，她们会夺过笔在我的笔记本上写出来。还有一位退休的中学数学教师蹇有明，给我勾画过福宝镇环境的山形水势，相当准确。

雨还没有停，只听见滴滴答答响起一阵檐头水打在斗笠上的声音，进来一位穿黑衣黑裤的老人，矮矮的，臂弯里挎着个小竹篮。走到桌子边，掀开篮子上的塑料膜，轻声问："豆腐干，买不买？"福宝的豆腐干全县闻名，我前两天就听说过。一看，方方的豆腐干，焦黄色，巴掌那么大，只有碗沿那么厚。"一块钱四片。""好，买两块钱的。"我把茶碗上缺了个大口的盖子翻过来，放上八块，三个人扯了嚼，很有劲道。老先生说，豆腐干是何沛霖、牟德荣两人做得最好，用火烤，加盐巴不加酱油。说到食品，福宝还有著名的酥饼。龚先生说：大绅粮皮家从外乡请来个厨师会做一手好酥饼，先用油炸，再用火烤。皮家摆酒席，最好吃的是酥饼。后来糕饼店都学会了，一到赶场的日子，满街都有卖的，甚至卖到重庆去。豆腐干也是满街卖，背着背篼来赶场的，大都会买上一包。现在酥饼没有人做了，年轻人爱吃蛋糕什么的。"豆腐干不如过去的香了。"老先生深深叹了一口气。下乡做调查，常常可以听到父老们这种"今不如昔"的叹息，我总是半信半疑，它包含着太多的依旧伤感。青春时期接触过的一切，在老年人的记忆里，都和自己的青春一样，那么美好。不过，也确实有不少好东西，因为利薄，因为费工，因为需要特别耐心的制作，现在失去了。所以我也陪着龚先生有点儿惆怅。我们失去的和将要失去的好东西确实是太多了。

卖豆腐干的老人并不急于做生意，搬个条凳在门槛边坐下，抬头望着雨珠歇气。年岁大了，凭老手艺做点豆腐干卖，不是为了谋衣谋食，而是一种习惯，一种对几十年生活的留恋。这条街上的老人们大概都有这样的心情，所以尽管老房子十分破败，仍然不肯随儿孙们搬到新区去。新区哪有这样的檐头水呢？清脆而有节律，伴着老朋友的话声，已经听了大半辈子了。街上的台阶，上上下下几十步，自己坐在妈妈背篼里的时候就熟悉了哇。赶场的日子，街上挤得踩了鞋跟都弯不下腰去提拔。从妈妈的脖颈边望出去，人头滚滚，多壮观，多繁盛哦。歇了一阵，老人提起小篮子，又向雨中走去，头也不回撂下一句话，老板娘应答了一句，我都没有听懂。斗笠上淅沥的雨声渐渐远了，龚先生说："老朋友呀，"停一停，补一句，"越来越少了。"这样的心情弥漫在老街的空气里。我自己也是73岁的人了，对这种空气非常敏感。我们一起沉默了一会儿，眼神空空的。

斜对面杂货店的老板娘端起饭碗坐到街檐下了，我向龚先生提最后一个关于哥老会的问题：各地的哥老会，各个堂口，有统一的组织关系吗？有上下级的领导吗？他答，没有，都是独立的，遇到大事才互相支持。不过，有些地方的哥老会和堂口的舵把子声望高、号召力大，有点儿领袖人物的意思。民国初年，四川副都督夏之时，就是合江人，全县第一大爷。他的老婆叫董竹君，在上海创建了锦江饭店，前几年拍过她的传记电视剧，叫《世纪人生》，外景还是在福宝街拍的。还有一个合江县团总，叫裴雨皋，也是一个袍哥大爷。民国三十六年（1947），国民政府搞国民代表大会选举，合江的一位袍哥大爷何肃雍，就在六十九个哥老会舞刀弄枪的支持下当上了代表。看来袍哥不但和土匪勾结，也和官府勾结。老板娘突然高声说："还有那个范绍真呐。""什么人？""范绍真，你不晓得？就是憨儿司令啊！"老先生插话解释道："他叫范憨儿，重庆人，礼号大哥。一个有福气的人哦，凡事都能逢凶化吉。跟蒋介石也有交情。"老板娘接着说："当过师长，又当过司令，峨眉电视台拍过故事片，都是真事。"忽然一位妇女在我背后很兴奋地说："《憨儿师长》，就是在这条街上拍的嘛！"我一回头，看见一位挺精神的青年妇女，肩膀上还探出一个孩子头来，那是站在背篼里的儿子。用背篼背孩子是四川的习惯，背篼是竹子编的，又硬又有弹性，孩子受到很有效的保护。篼的中段有个折，孩子可以站在篼里，也可以很舒服地坐在折上，自由自在，四面八方随意转身张望。站在地上，孩子身高不到大人的膝盖，一装到篼里背起，双眼就跟妈妈的一样齐，眼界忽然大开，一定很有趣。这位妇女大约是我们沉默的时候进来的，她接着说："火神庙前那段高台阶下，天禄阁对面，临时布置了一个豆花店[1]，憨儿师长就是在那里把个大姑娘扛起走的。"我们都兴奋起来，老先生乐得直笑。

我很关心哥老会在土地改革中的命运。老先生说：没有什么，不再

---

① 豆花，北京人叫老豆腐，合江最普通的食品，不但场镇上处处都卖，而且家家会做，日常吃，也用来待客。

活动就没事了。有几个绅粮，是袍哥，被打成地主，分掉了土地就当老百姓了。只有在旧政府里当过事的，要受群众监督，“就地改造”，其实也平常。几个当土匪的袍哥被镇压了，其中一个姓皮的，叫皮达才，有几十担租子，当过团总，又当过区长，是仁号的舵把子。皮达才有几间大房子，就在街中央“坝子”北端之外的西侧。房子后身有座碉楼，原来五层，前几年顶层朽了，拆掉之后剩了四层。

那背孩子的妇人急匆匆问老先生，看到娃儿他爷爷了没有。老先生大概回答了一句“没有”，妇人刚要走，街上却踢踢踏踏过来了个满面红光的大高个儿，妇人一转身就弹了出去，带上他走了。鲜艳的上衣在湿漉漉的青石板路上映出几片跳动的红光。老板娘看着背影，轻轻赞叹：“好女子哇！”

到了午饭时候了。老板娘伸伸懒腰，双手抵住桌子，慢慢站了起来。我扶着龚老先生告辞出来，老先生住在隔壁，向左一拐就到家。雨依旧不紧不慢地下着，屋面的出檐宽，檐溜水滴在檐阶之下，老先生家门口有一块干爽地。他余兴未尽，拉过小竹椅给我，要告诉我一些土匪的“切口”（黑话）。我刚坐下，他突然叫我一声“老腌”。我莫名其妙，他笑了起来，笑呛了气，待气顺了说，贵州人和四川人，对朋友都有特殊的亲切叫法，把朋友的姓用多少有一点关联的词来代替。“老腌”就是“陈”。姓郑的叫老偏，姓罗的叫老响，姓蒲的叫老飞，姓唐的叫老蜜，姓钟的叫老撞。姓杨的叫老咪，大约杨与羊谐音的缘故。姓杜的叫老撑，是从杜联想到肚，吃饱了就撑。姓刘的叫老顺，是先把刘谐音为柳，再从柳条联想到顺。姓古的叫老绷，是从古联想到鼓，再联想到绷。有一些叫法则无从推测，例如姓何的叫老灰，姓韦的叫老圈，姓曾的叫老板，姓王的叫老还。龚先生一口气说了二三十个姓的叫法。我问，这是土匪切口吗？“不是的。”他回答。他大女儿从合江城里来看他，正在洗菜，听到这里，嘟囔了一句说：“不是土匪切口也是袍哥的黑话。”老先生连忙摆手：“不是，不是！”

但他是要告诉我一些土匪切口的，我等着。他定了定神，终于开口了：土匪要抢场，就是抢集市，叫“赶混子”，或者“打混子”。抢绅粮家叫“打窑子”。米叫粉子，吃饭叫吊粉子。碗叫莲花，勺叫耍子，筷子叫划签，布叫闭子，衣服叫大衫，草鞋叫划勾。四川有一种用粗大的竹筒做的烟管，可以两个人同时吸烟，这叫“抬溜子”。因为他大女儿对“切口”和“黑话”之类表示出轻蔑的厌烦，老先生的兴致遭到打击，说了些就不再说了。我觉得可惜，看得出来，没有说痛快。他也觉得可惜，简直有点赍志不得伸的委屈。他不得不转变话题，便重新为袍哥说点好话。两眼一亮，说：咸丰十一年，福宝天主教徒横行乡里，鱼肉百姓，袍哥李文定叫儿子成生带领街上青壮年，捣毁了教堂，平息了教祸。这段故事我在民国《合江县志》和1986年《合江县社会风土志》里也看到过，很有兴趣了解一下，但偷眼看见门里女儿已经掀开了锅盖，白气充满了半屋子，便起身告辞了。

我边走边沉思，这个福宝镇，大屋檐底下藏着多少带点儿神秘色彩的故事哦！

打开伞，窸窸窣窣，轻柔的细雨声仿佛给我的沉思笼上一层迷幻的情调。真有趣，我想。于是，我记起了李劼人《死水微澜》，天回镇的袍哥管事罗歪嘴、做皮肉生意的刘三金、烫猪毛和剥活狗皮的赌场、人人都能躺倒吞云吐雾的烟馆，原来在这里都曾经一模一样地存在过。难怪沙汀一回到四川的场镇上就能写出好作品，这里满地都是小说素材嘛！但我不是为写小说而来。

诞生在川黔道上

福宝镇在四川省合江县南区。合江县的名字，来自县城正好处在赤水河注入长江的口子上，在长江南岸，赤水河西岸。这里已经是四川盆地的南缘，到了福宝镇再向南，就要走进川黔交界的大娄山脉了，过了娄山关便是贵州的遵义。遵义、娄山关和赤水河，都因为红军长征史而名闻天下。

合江的文明史很早就开始了。唐代诗仙李白在他的《蜀道难》里有一句"蚕丛及鱼凫，开国何茫然"，现在，经过许多考古学家的努力，对于当年使人"茫然"的古代西蜀已经有了不少的知识。最早的蜀王蚕丛氏是氐羌族的一支，居住在岷山山脉之中，时间大约在商代和周代。后来逐渐向川西平原迁移，还沿横断山脉向南发展到现在的大小凉山西部和云南一带，紧挨在宜宾、泸州的西边了。合江在泸州以东42公里。在合江县境，发现了一百多具汉代到宋代的石棺，县文化馆里收藏了24具，数量之多，居全国第一位。袁庭栋先生在《巴蜀文化》[①]一书里说，石棺葬是最有代表性的蚕丛文化遗存。我到县文化馆去参观石棺，承老馆长王庭福先生仔细讲解。王馆长是研究石棺的专家，发表过不少有关的著述。这些石棺，形制和现代还能见到的木棺一样，长约2—3米，宽0.66—0.84米，重约1—1.5吨。棺分两部分，棺体和棺盖，各用一

① 袁庭栋：《巴蜀文化》，辽宁教育出版社，1991。

块整石凿成。石棺大多在崖墓里发现。

县文化馆的房子是1950年代造的，承重砖墙上开的窗子不大。前几年在馆舍前又造了一幢新楼，专为经营文化产业，包括音像厅、歌舞厅、书店、字画店之类。新楼逼在老楼的窗前，老楼里昏暗得很，王馆长打着手电，给我看石棺上的浮雕。浮雕内容完全是中原文化中常见的，如车马出行、舞乐博戏、宴饮和房屋建筑，还有伏羲女娲、西王母、四灵、九尾狐、玉兔、神蟾等等，都是《楚辞》和《山海经》里神话故事题材。浮雕的构图和制作手法也和内地汉代画像石上的一样。王馆长还送了我一本他的著作，叫《合江画像石棺》，上面印着些浮雕的拓片，很珍贵。

中原文化和巴蜀文化的交流早就有了。许多学者认为，鱼凫氏就是从长江中游的江汉平原溯江而上来到成都平原的。广汉三星堆文化可能就是鱼凫氏的文化。我家的书架上放着一只从三星堆买来的青铜鸬鹚，这年夏天花十五元钱买的，当然是复制品。鸬鹚又叫鱼鹰，设计很精致，随形挖空，玲珑剔透，那一双能看穿水底的眼睛和能敏捷地叼住游鱼的喙，做得特别夸张。

合江不但有古蜀国文化的遗存，它也是巴国文化的继承者。周代，合江地方属巴国，秦代设郡，合江地方属巴郡，它距重庆只有170公里，而到成都却有342公里。顾炎武在《天下郡国利病书》卷七十里引《旧志》说：川东地区的“石耶人呼石板为巴贯”，巴人祖先多住于石穴，所以被称为“巴”。我想，一个民族把废弃了的古代居住方式保存在后来的墓葬中，是多见的现象，这跟崖墓、石棺是不是也会有一点关系呢？

合江县境内有上千座崖墓，福宝镇附近有高村和门槛滩两处崖墓，后者距镇只有6公里。稍远一点有元兴场的崖墓。高村山沟里的崖墓群有54穴，合江县作家协会主席吴先生带我去看，汽车在盘山路上跳跳蹦蹦，东倒西歪地走了将近一个钟头，到了不能再往上开的地方停下来。右边是深沟大壑，我们循着一条断断续续十分陡峭的小径往沟壑里探身而下，大约20分钟，就见到了几处埋没在杂树荒草里的峭壁，密布着一些凿出来的洞穴。吴先生是历史学家，他兴致很高，教给我：竖长方形的洞穴，是西汉的墓，尸体是坐着的；横长方形的洞穴是东汉的，尸体躺着，比较舒服一点。这些洞穴里并没有发现过石棺。有一孔崖墓边的石壁上刻着动物如猪、马、鱼、凤凰的形象，还有骑马将军像。因此他说，其中早期的洞穴很可能是夜郎国一个什么小部落的头人们的墓葬。夜郎是战国至汉代那个时期的一个国家，主要在现在的贵州西部和北部，也包括云南东北、四川南部和广西北部的部分地区，在汉代和巴、蜀以及南越有贸易往来。《史记・西南夷列传》载："南夷君长以十数，夜郎最大。"这个僻远小国夜郎，产生过流传到现在的典故"夜郎自大"。不过夜郎国君有点儿冤枉，因为自大的是滇国国王，夜郎国君不过附和了而已。

合江的发展和夜郎的开发有直接的关系。汉代初年，广东的东粤、南粤不服中央。《史记・西南夷列传》说，南粤王甚至"黄屋左纛"，为"天子之车服"。建元六年（前135），江西番县（今波阳）令唐蒙奉命出使南粤，南粤人给唐蒙吃蜀地出产的枸酱。唐蒙问这酱怎么运来的，回答是经西北面的牂牁江一直运到番禺城下。[①]唐蒙回到长安，问蜀籍商人，知道只有蜀地才出枸酱，商人把酱卖到夜郎，夜郎临牂牁江，"江阔百余步，足以行船"。于是唐蒙上书给汉武帝说，现行出兵南粤的路线是从长沙和豫章（江西）去，"水道多，绝难行"。不如从夜郎下牂牁江，"出不意，此制粤一奇也。诚以汉之强，巴蜀之饶，通夜郎道，为置吏，甚易"。汉武帝立马拜唐蒙为中郎将，率领一千精兵，一万人的后勤辎重，从巴苲关到了夜郎。连威吓带厚赐，收服了夜郎。唐蒙回长安汇报之后，朝廷就在夜郎建立了犍为郡，并且调拨蜀地的军队九万人从僰道（今宜宾）修路直指牂牁江。以后反反复复，经过两年，路没有修成，"士卒多物故，费以亿万计"。于是以琴挑卓文君闻名的风流才子司马相如被拜为中郎将，"建节往使"，加以整顿。路修成之

① 牂牁江，一写作牂柯江，可能是现在西江上游的北盘江。

后，汉武帝元鼎六年（前111），以现在的贵阳为中心建牂牁郡，辖境大约是贵州大部、广西北部和云南东部。从此，出长安，经成都，到宜宾或泸州，直达贵州再下番禺的水陆交通线就建立成功了。这是一条控制南粤的捷径，也是一条出海路线，意义非常重大。

我到合江县文化馆查县志。乾隆二十五年的《合江县志·沿革》上说，汉代“置符县，属犍为郡。《水经》曰：江水东过符县北。郦道元注云：‘县故巴夷地，汉武帝建初（按：即建元）六年以唐蒙为中郎将泛万人出巴符关者也。’符关，《史记》作莋关，按邛莋今雅南地，去夜郎远矣，当以《水经注》为是。杨升庵云：‘汉夜郎县属牂牁，本且兰国，在今播州界。’夜郎在桐梓驿西二十里，有夜郎城”。合江县就是符县，合江的名称是后周时改定的。

现在合江县文史界的朋友们一致赞同县志的说法，认为唐蒙使夜郎，是从合江县的南关出发的。西汉元鼎二年（前115）设符县，“符”字形近“莋”字，是《史记》有讹夺。南关就是《史记》所说的莋关。朋友们带我去看，关门左右还剩些唐代的、宋代的和明代的城墙，虽然它们的建造去汉初已经很远，但苍古雄伟的巨石砌筑的城墙，还可以遥想当年旌旗蔽天、鼓角喧阗的出征场面。我到县文体广电局主管文化的副局长赖培东先生家拜访求教，他送我一本《泸州文物》2001年第2期，那上面有他写的一篇“唐蒙走夜郎浅说”，把这段历史叙述得非常生动。朋友们说，从合江乘船上溯赤水，可以一直到出茅台酒的贵州仁怀。仁怀离遵义不远了，而且中途经桐梓西界，那里乾隆《合江县志》所说的夜郎城至今还在，叫夜郎坝。这是从巴蜀趋夜郎下牂牁江最便捷的路。如果更加贪近走陆路，从合江到遵义只有两百公里。过现在的虎头镇翻大娄山，可直奔桐梓西北的习水。路上至今还有蒙关、官渡等地名。经福宝镇过山，路上现在有个地名叫蒙渡。这两条去遵义的陆路两千年来一直通行，赤水河的航运也没有中断过。而且，唐蒙从成都南下，顺沱江至泸州并不比顺岷江到宜宾难，泸州到合江只有42公里。

王庭福老馆长陪我去看了赤水河入长江处的三江嘴。虽是初冬枯水期，河水依然浩荡，有一些大型的机动木船在航行，载货沉重，河水几乎和船舷平了。赤水河现在仍旧是贵州进入长江的重要水路。对于“地无三尺平”的贵州来说，赤水河真是太重要了。据民国《合江县志·武备》：清初顺治七年，张献忠余党归降永历帝的孙可望派了两个将军在合江三江嘴造船，历三年得船五百艘，然后顺长江而下攻到彝陵。可见合江有很强的造船能力。虽然历史上没有可靠的记载，冥想两千年前中郎将唐蒙水陆并进，开辟神秘莫测的蛮荒异域，打通到番禺出海的道路，那英雄气概和所成就的历史功绩绝不下于同时拓边西疆的霍嫖姚。

唐蒙出使后二十年，合江建县，当时叫符县，可见南下的道路打通之后，赤水河口这块地方作为蜀黔物资交流的口岸，商贸发达，人口骤增，重要性大大提高。四川盛产盐和铁，在输往贵州的物资中，盐铁是大宗。盐和铁又是官卖的，为了管理盐铁贸易，设一个县大约也有必要。但是，福宝建镇最早的资料很迟才见于乾隆《合江县志》。那是合江的第一部县志，提到南乡离城九十里有个“新场”。合江县的朋友们拿它和嘉庆《合江县志》南乡离城九十里的“佛保场”对照，认为新场就是佛宝场。

我这次调查，大体可以证实朋友们的这个推测。当地传说，在白色溪西岸往北，现在的福宝新区我们的住宿地，早年有一个王家场，因为多次被火烧，就迁到东岸高地上建了王家新场。乾隆县志上记载的“新场”，应该就是这个王家新场。嘉庆年间改称佛宝场，后来叫福宝场。王氏直到现在还是福宝街上的大姓，《王氏族谱》上记着始迁祖初来时在白色溪畔定居，时间正是“明崇祯十四年张献忠乱川后”。民国《合江县志·场市》说福宝场“创建于明代”，大概由此而来，但没有证明。

无论从交通线或者从物产来看，福宝的地位都很重要，但它的建场如以乾隆年计却在合江建县之后一千七八百年。历史在这里有个大曲折。

四川的开发很早，战国时期，农业生产技术就相当先进，水利建设也很有成就。秦得巴蜀之后，国力大盛，《战国策·秦策》说：“蜀既属，秦益强，富厚轻诸侯。”在四川的大量粮食支援下，秦国方得击败诸国，建立统一的皇朝。所以郭允韬在《蜀鉴》卷一里说：秦“灭六国而一天下，岂偶然哉，由得蜀故也”。百年之后，同样的过程在楚汉战争时又重演了一遍，萧何留守巴蜀，给刘邦以源源不断的粮食，支援他打败了项羽。（见《史记·萧相国世家》）后来诸葛亮认为：“益州险塞，沃野千里，天府之土，高祖因之以成帝业。”（《三国志·蜀书·诸葛亮传》）他因此建议刘备在四川立业。四川在经济上的优势是多方面的，不独农业，冶铁业也很发达，司马相如的老丈人卓王孙就是以铁业致富，有劳工一千名之多。文君当垆，相如穿犊鼻裈打杂之后，卓王孙给了他们一百名劳工，一百万钱，出手很阔绰。（见《史记·司马相如列传》）《后汉书·隗嚣公孙术列传》有话：“蜀地沃野千里，土壤膏腴，果实所生，无谷而饱。女工之业，覆衣天下。名材竹干，器械之饶，不可胜用。又有鱼盐铜银之利，浮水转漕之便。”当时熬炼井盐已经采用了天然气。所以汉代中原几次饥荒，包括最富饶的关中地区，都靠移民四川救灾。到东汉顺帝永和五年（140），四川人口约占全国的9.6%，成都的人口竟和首都长安不相上下。在经济繁荣的背景下，四川的文化在汉代也很发达，司马相如和扬雄，都是汉代辞赋的最高代表。

但是，魏晋南北朝时期历史发生了一次转折，将近三百年的政权更迭和流民动乱，四川人口竟下降到了大约一百万人，以致那些短暂的朝廷，都曾移民入蜀，其中就有成汉时期“以郊甸未实，都邑空虚……从牂牁引僚人入蜀境”。（《蜀鉴》引李膺《益州记》）一直到了唐代，四川的经济文化才又重新走在全国的前列。唐宣宗时，蜀人卢求在《成都记序》里写道：“大凡今之推名镇，为天下第一者，推扬、益。”他又认为，其实益胜于扬，益州“江山之秀，罗锦之丽，管弦之多，使巧百工之富，扬不足以侔其半”。这话或许有点儿夸张，但蜀地经济的繁荣是不必怀疑的。

我初到合江的时候，当地的朋友们就告诉我，合江未来经济发展的支柱之一是水果，尤其是名果“妃子笑”，一种高级的荔枝。我过去以为“妃子笑”产于岭南，他们对我的孤陋很遗憾，说“一骑红尘妃子笑，无人知是荔枝来”，从岭南运荔枝到长安，什么快马都不行。当时的上等荔枝产在四川从涪陵到宜宾之间的长江岸边，合江正在这个地段的中央。其实我以前读到那首诗的时候，心里也很纳闷，这时才恍然大悟。民国《合江县志·食货》载，福宝所在的南乡产“椒核荔枝”，味甘而核小，大概就是名种“妃子笑”。不过《县志》说“其种移自粤东”，那么我还不算完全无知。可惜没有记载什么时候从粤东移来。回来查《水经注》，第三十三“江水”里说：“江州（即今重庆地）县有官橘、官荔枝园，夏至则熟，二千石常设厨膳，命士大夫共会树下食之。”郦道元是北魏时人，早于杨贵妃很多，杨贵妃有口福是不成问题的了，但不知她吃的荔枝是什么品种。

手工业在唐代又有明显的进步。丝织、造纸、印刷、制盐等等都领先于全国。现在仁寿县的陵井，在唐代就已经“纵广三十丈，深入十余丈”，每天产盐到910公斤左右。梓州射洪人，武周时右拾遗陈子昂在《上蜀川军事》里说：“国家富有巴蜀，是天府之藏。自陇右及河西诸州，军国所资，邮驿所给，商旅莫不取给于蜀。”到了宋代，四川经济还是很发达。

唐宋时期，四川的文化水平也很高。拿诗人来说，李白、杜甫、高适、岑参、苏轼、黄庭坚、陆游、范成大都曾经入蜀或是蜀人，而且在四川写下许多重要的作品。这些人里，李白和黄庭坚是被流放来的，李白的流放地是夜郎，黄庭坚则在合江附近的宜宾（僰道）、泸州一带徘徊。李白从夜郎回来，到川南写了《峨眉山月歌》：“峨眉山月半轮秋，影入平羌江水流，夜发清溪向三峡，思君不见下渝州。”黄庭坚在合江山水名胜间留下不少诗文。

合江今属泸州，泸州城在沱江入长江的口上，在赤水河口上游大约42公里。这个地区的经济文化状态和四川全省基本一致，不过因为和滇、黔少数民族居住区比壤，“南接牂牁，西接犍为”（《华阳国志》），“地连戎僰，境接巴黔”（《舆地证胜》引唐人语），从而多了一份军事上的责任。

宋宣和元年（1119），徽宗颁诏说：“泸州西南要会，控制一路，边阃之寄付非轻，可升为节度，仍赐名泸州军。”（见《宋会要辑稿·方域》）而泸州本身其实就是“夷夏杂居”（《宋会要辑稿·蕃夷》）的地方。

泸州盛产米、盐、茶、马等农副畜产品，经济在全蜀都占重要地位。因此，人口稠密，商业茂盛，“草市镇”的发达程度仅次于成都地区。宋宁宗时期，泸州有草市镇67个，其中泸川县22480户、71村，有市镇37个，平均每607户、2村有市镇一个；合江县12370户、48村，有市镇18个，平均每687户、3村有一个市镇。据南宋末年曹叔远著《江阳谱》，这些市镇，大多是汉夷物资交流的场所。如江门镇（在今纳溪县），在北宋末年“每岁冬至后，蛮以马来，州遣官视之。自江门寨浮筏而下蛮官及放马者九十三人，悉劳犒之，帅臣亲与为礼。诸蛮从而至者几二千人，皆以筏载白椹、茶、麻、酒、米、鹿豹皮、杂毡、兰之属，博易于市。留三日乃去”（《建炎以来系年要录·卷六四》）。

可怜，这样好的发展势头，又一次遇到了战争的摧残，历史又发生了一次曲折。这次战争是蒙古军为了灭宋而入蜀，在蜀境先后用兵半个世纪之久（1227—1270）。蒙古军队的每一次进攻战役，都造成残酷的破坏。1236年，四川“五十四州俱陷破”（见《宋季三朝政要》），“西州之人，十丧七八”。这次泸州没有失陷，但乱中被宋兵自己失火烧毁，“比屋延燎，倏为焦土”（李心传《泸南重建府军记》，见明正德《四川志》）。1241年，又一次大战役，从成都一直到叙永，城池破陷。“江阳失险，泸叙以往，穷幽极远，搜杀不遗。僵尸满野，良为寒心。”（巴川举人阳枋《字溪集》卷一《上宣谕余樵隐书》）第二年蒙古军队又陷泸州。以后反复苦战，合江境内也屡屡发生战争，直到1279年，四川才完全被元军平定。这时人口骤减，产业凋敝，一向富庶的四川，在元代始终没有恢复元气，连井盐都零落不堪了。“蜀土荐罹兵革，民无完居，一闻马嘶，辄奔窜避匿。”（《元史·汪惟正传》）“蜀人受祸惨甚，死伤殆尽，千百存一二。”（虞集《史氏程夫人墓志铭》，见《道园学古录》）“昔之通都大邑，今为瓦砾之场。昔之沃壤奥区，今为膏血之野。青烟弥路，白骨成丘，哀恫贯心，疮痍满目。”（吴昌裔《论救蜀四事疏》）元代四川人口只有61万。

明代初年洪武朝，不得不有意识地大规模移民入川。洪武十四年（1381）全川人口恢复到146万人。移民主要来自湖广，而以湖北籍的居多。这批移民的数量比从蒙古骑兵弯刀下幸存下来的人要多得多。到明末清初张献忠、孙可望、吴三桂和“剿贼”的官兵又一次大杀特杀四川人的时候，这些移民的子孙就叫“土著”。

明代休养生息了将近三百年。到万历六年（1578）人口就有310万。不幸的是万历以后四川又发生了战祸。先是地方土司作乱，随后明清之间“八大王”张献忠在四川杀了将近四年[1]，他死了之后，归顺永历皇帝的余党孙可望接着杀，再过几年，吴三桂又杀了过来。所有这些杀人魔王还有个对立面——官兵，也是杀！一直杀了大约80年，到顺治十八年（1661）公布清理户口结果，四川只剩下一万六千多丁，合八九万人口。民国《合江县志》里有两段文字记载了这些年的惨祸，一篇在“武备”里，一篇是在“食货”里的“近三百年民生消长状况”。“状况”里说：“自明崇祯甲申献贼再入蜀，陷重庆，进窥成都，贼将温时间诸部二万人……取道合江……附城之民，歼夷略尽。其明年，明抚院马乾率四标之众驻城九月，日以打粮为名，遍搜民间藏粟，不遗颗粒。于是合江人幸不死于贼者什九沦为饿殍。四野炊烟熄矣……狼嚎虎啸，白昼搏人，诚旷古未有之奇劫也。”这篇“状况”里又写到，福宝镇所在的大漕河和小漕河流域，几百平方公里范围内，存者仅五十余户。

在这种情况下，清初几朝，采取了配套的政策措施，鼓励湖北、湖南、江西、福建、广东、陕西、贵州等省人民大量移往四川。因为仍然是湖广人为多，所以这个历史事件就被称为“湖广填四川”。

民国《合江县志》的“状况”里写道：“巨创之后，百里为墟，楚粤闽赣之民，次第移垦。邑中土著最少，外省入籍者湖广人约占十之

---

① 2002年4月4日《北京晚报》载，“成都发现神秘万人坑，考古专家鉴定，遗骨为明末清初时埋葬”。（1644年8月5日，张献忠破成都。）

六七，广东、福建、江西诸省次之。”到乾隆二十三年，全县已“有户八千五百七十七、丁口二万八千三百七十五”。虽然人口还不多，毕竟比大漕河、小漕河流域总共剩下50户的清代初年要多得多了。

于是，在乾隆二十五年（1760）创修的《合江县志》里有了个南乡九十里的“新场”，它可以断定为嘉庆十七年（1812）续修的《合江县志》里南乡九十里的“佛宝场”，也便是福宝场。福宝是清代初年由移民创建的，这一点似乎没有什么疑问。

不过，此后福宝还曾经有过一劫。同治元年（1862），太平天国的翼王石达开来到合江，“杀掠极惨，男妇投水，浮尸蔽江”。他麾下一支军队来到大漕河、小漕河流域，“佛宝场适当集期，受害尤众”。（民国《合江县志·武备》）同时还有其他一些土匪“侵入县境，东、西、南各乡并罹荼毒”。（民国《合江县志·食货》）《县志》“杂记”里有一节非常生动地记录了“官兵”的嘴脸：“清同治初湘军御石达开莅境，邑某君感时述事，赋四绝句云：‘羽书千里出中堂，鞭指云南去路长，百万生灵蹂躏尽，将军卧稳在符阳（即合江）。’‘营房不扎扎民房，百姓迁居也不妨，果字中军犹自乐，南街歌舞侑壶觞。’‘十年树木付炊烟，寸草民间保未全，惟有县官偏解事，朝朝犹送买薪钱。’‘军帷妙算巧安排，寄语民冤死便埋，莫道盈庭公愤在，须防聚众大题来。’”

不过，虽然历经劫难，福宝场的生命力还是很旺盛的，它的人口和经济恢复得很快，民国《合江县志·食货》说，福宝和西三区的先市、东三区的白沙、南一区的王场，“并为邑中商业较繁之地”。至今它还是合江大镇之一。

“湖广填四川”

我的茶馆里的朋友们喜欢把福宝的历史说得古老一些。都说是明代中叶已经有了福宝场。因为民国《合江县志·舆地》说：“佛宝场，明代创建，清康熙中扩充之。”但是，如果这话确切，则乾隆《合江县志》里不会没有佛宝场。再说，合江西乡的赤水河畔，早在宋军抗蒙的时期就有遥坝砦[1]，但《县志》却也说尧坝是明代创建，看来这《县志》并不十分可靠。朋友们还要力争，理由之一是，场镇南边的福华山寺里曾有一块碑，刻的是大明“Hong化年”。明代年号有Hong字开头的，不是洪武就是弘治，有化字结尾的只有成化。这块碑在哪里，所有的人又都说并没有见到过，只是听老人传说而已。

福宝文化站的小钟说，镇东南的瓦房头村有一幢老房子，顶上的瓦，有一些刻着“Hong化”的年号。县里的几位局长、书记们，兴致很高，陪着我跟上小钟到瓦房头村去。顺白色溪谷南坡向上走，绕过岩口山脚下林业局的园艺场，心情有点儿放松，东张西望，看见山谷里、山坡上，相隔一两里才有一家农舍。2001年夏天里，我在成都对一些年轻朋友介绍乡土建筑的保护问题，说过一句话：乡土建筑的存在方式是形成聚落。事后，老朋友陆强提醒我，四川盆地的乡里，农舍并不形成聚落，而是散点式分布的，只在几十里的间隔里有些作为经济文化中心

① 即后来的尧坝。

住宅墙面（罗德胤 摄）

张飞庙封火墙（罗德胤 摄）

的场镇。我从成都乘车南下，过资中的罗泉镇和铁佛镇、自贡的仙市镇，到了合江。从合江城里，又经过榕山镇和甘雨镇抵达福宝。一路上所见，真的和他说的一样。这种零散的农舍加场镇的结构布局，大概也和“湖广填四川”有关系。清代初年，移民入蜀，占地几乎没有限制，一家人几十亩、上百亩，都可以。山区就更加随意了。占地大了，集中居住不方便了，于是住得分散，就近守着自己的土地，耕作便利。而且，闽粤来的客家移民带来了甘薯和玉米，干旱贫瘠的山地也能种出足够的食物，人们就不必向灌溉条件好的沃土地区集中了。

前几天到高村去看崖墓，汽车路到尽头，下车，只有路边一幢房子，这就是高村了。极目远眺，大山沟对面，山坡上散散落落有几座房子，被浓浓的竹林包围着。断断续续可以看到一些羊肠小径，挂在陡坡上通向这些农舍。这一幅景致，看上去和崖墓一样古老，简直惊心动魄。我说，住在这种地方度几天假倒是挺浪漫的，但长住可不好办，比方说，牙痛了怎么办？遇到类似的情况，我总会先想起牙痛来，因为我吃过那苦头。前些年一位医生告诉我，他们到农村去巡回医疗，听人说有些农民因为牙痛难以忍受而上吊。我问同来的县作家协会主席吴先生，这些人家的孩子怎么上学。吴先生带点儿自豪地说，他就出生在这样的山区，读小学的时候，天不亮就点一根竹篾上路到学校去，晚上还得点着竹篾回家。只要有一点点亮，就深一脚、浅一脚地走。他说，艰苦能锻炼孩子，现在，他的儿子上北京大学，女儿上复旦大学。他自己是西南师范学院历史系毕业。

那天正巧是星期五，住校的中学生下午回家。我们从崖墓前回到公路上，走来两个女娃儿。我拦住了一问，正是福宝中学的。“走了多少时间了？”“两个多钟头。”“还要走多远？”“再走半个钟头多点。”“累不累？”“不累，习惯了！”毕竟是高中生了，虽然瘦小，倒收拾得干干净净，整整齐齐。礼貌地笑一笑，相跟着又往前走去，走向大山深处，那里笼罩着蓝色的雾霭一片。吴先生愤愤不平地说：“这些孩子，考大学要比你们北京学生多七十几分才能录取，公平吗？”吴先生不知道，其实五十多年前我也是半饥半饱在深山里求学的。女孩子走出不远，迎面又来了个小小的男娃儿，矮矮的，黑黑的，背着的书包大大的。我一问，竟已经是高小的学生了，显然个子没有长好。小学生不住校，这时候走在山路上，准是回家。我问："学校远么？"他低下头去，用手随便一指，说："那边！""快到家了么？""嗯！"孩子赤着脚，小腿和脚上沾着一层泥壳。山路上并没有烂泥，我问孩子，这是怎么搞的，他回答："冷！"我一扬头掩饰了难忍的哽咽。我知道，湿泥初沾上身是凉的。孩子呀，是你太有经验了，知道太阳偏西、山风转寒的时候，小腿上的泥干了，可以保暖，你还要赶路！

打住回忆，收回神来，我紧紧跟上小钟往瓦房头走，只不过一里多路，就看到右边有一幢孤零零的房子，正房九开间，两头各有三间厢房，前院完全敞开。这种很规矩的房子在附近山区里倒是非常少，我只见到这一例。看上去，中央五开间比较老一点，木材粗而直，抬梁式或穿斗式屋架都很讲究，相当规范化，柱子直径29厘米，下端还垫着一块木制的榰。两侧几间都是后来续建的，那么，这房子的原来形制就是"长五间"。现在的房主姓王，记得房子是前辈从外姓人手里买来的。一位记者，县里的"笔杆子"，搬来一架竹梯，自告奋勇爬上了屋顶。他在正当中一片一片地揭开瓦片，从屋檐一直揭到屋脊，没有发现有字的瓦。大规模地揭瓦显然不合适，局长、书记们请他下来。他带下一块异形瓦，这是一块排在垄沟里的仰瓦，正当中突出一个大约10厘米长、直径七八厘米的圆筒，空的，据说是采光用的。我进屋抬头去看，果然有几排这样的瓦，从圆洞漏进光来。我是第一次见到这种瓦，旅游局的贾大戎副局长在别处见到过，并不以为稀奇。没有找到"Hong化"的瓦。这时候，我倒不着急了，因为想到，即使这幢房子是明代的，也不能证明福宝场在明代已经有了。

后来，见到福宝《王氏族谱》里记载，第十三世（居福宝第四世）王志泰"蒲江过河淹死，葬于福宝瓦房头宅后，有碑"。《族谱》又说，张献忠屠川之后，王氏始迁祖第九代王宣，移民到白色溪旁的"长五间”房居住。于是，这幢房子引起了我很大的兴趣。2002年4月，我们第二次去福宝，再度沿北岸向白色溪上游探寻历史遗迹。大约走了五六里路，见到溪里有块大石头，上面刻着几个字：“明白　计水何共周刘家开　弘治十五年　刘”。可以看出来，这块石头上游原来有一条石坝，早已被山洪冲垮。坝址上方溪中央一块更大的石头，左右各架一块石板，成为过溪的桥梁。再仔细一找，从这块地方起始，溪两岸各有一条引水渠，我们沿溪南岸回来，走到了那个瓦房头，小小而精致的水利工程也一直做到瓦房头。有些段落是砌石槽形成的，有些段落是从巨石上凿沟形成的，还有些段落是高架的，最高处足有4到5米，甚至还有一段人工开凿的小小山洞。这至少可以证明，早在弘治年间，白色溪两岸已经有何、周、刘三姓人居住、开发。但王志泰与王宣隔了四世，而且《王氏族谱》在王宣所住的“长五间”之后用括弧注明“在今栗子乡”，栗子乡在福宝的西北方向，瓦房头却在东方，那么，这长五间肯定不是王宣的长五间，虽然泛泛地说，也可以说瓦房头在福宝，但福宝场的建设年代仍是不能说明。

看族谱是第一次从瓦房头回来的事，我在茶馆里，请老板娘沏上一桌子茶，邀朋友们坐下，问他们知不知道祖先是从哪里来的。一位胖胖的向文元先生说：“不用问，不论哪个姓，都是从湖北麻城孝感乡来的。”我问：“有没有家谱可以证明呢？”大家七嘴八舌都说有，可又都说在“文化大革命”时候烧掉了。福宝镇杂姓聚居，有王、皮、刘、蒲、先、向、何、赵、韦、杨等等许多姓氏，在农业地区而为杂姓聚落，这种情况，足以证明福宝是个移民聚落。龚在书老先生掐了半天手指头，说，蒲、韦两姓的人也许多一点。福宝镇在大漕河东岸，这一段河叫蒲江河[①]，也许就是当初蒲姓人多而有势力的证明。

正说话间，王寿德老先生拨开人群挤进来，手里拿着一本书，不声不响递给我。我一看，原来是《王氏族谱》。太好了。我们下乡调查，家谱和碑文是最重要的史料来源。有些血缘村落，家谱里除了谱系，还

① 本地人在江名之后都要加一个河字，长江叫长江河。

有大事记、人物传记、艺文等等，家谱就是村史，虽然不免有夸张虚饰之处，但优点是比较全面系统。杂姓村落，“政务公开”，“财务公开”，各种碑文记载着大大小小的史实，夸张虚饰少，但缺点是比较零碎。只有少数杂姓村，保存着二三百块石碑的，那碑文便是很可靠的一部村史了。我很兴奋地打开《王氏族谱》，重印序里写着：

> 我太原始祖王文项首住山西太原，始迁江南乌衣巷，再迁江西南昌府宁州分宁乡大幽口石桥头，继迁湖广麻城县孝感乡。领轴公于元朝末至正庚子避红巾刘福通之乱，同妣杨氏携三子金、银、匣入蜀，居忠州龙王沱。金、银二公同我匣公徙渝城。

很明显，王氏是蒙古人蹂躏四川后于元末移民入川的，那时红巾军在大江南北都风起云涌，而四川比较平静。王氏入川之前正是住在麻城县孝感乡。重印序最后写：

> 明崇祯十四年张献忠乱川后，我宣公同妣观氏、龙氏迁住合江大漕支，宅名长五间（今栗子乡穆村白榜右侧下面）。宣公为我福宝祠之始也。

这里把宣公称为“福宝祠之始”，也是泛泛之说，并非确指福宝场。

由江西而湖北，由湖北而四川，迁徙的路程正如清人魏源所说：“明之季世，张贼屠蜀民殆尽，楚次之，而江西少受其害。事定之后，江西人入楚，楚人入蜀，故当时有‘江西填湖广，湖广填四川’之谣。”（《古微堂内外集湖广水利篇》）崇祯朝一共才17年，王宣于崇祯十四年之后到福宝一带，其实就是清初来的了。

这本《王氏族谱》是1992年重印的，里面缺少很多信息。我问王老先生，能不能把重印所据的古本给我看一看。王老先生犹豫了一下，转身走了。过了一会儿，带来一个封套，我打开一看，是小小一个本子，大约只有15厘米高，13厘米宽，纸张已经霉得发黑，头上几页破烂不堪，而且受潮粘连。几位妇女帮我用指甲慢慢挑开，用手掌轻轻抚平，按住。我仔细看看，这本老族谱是手写本，内容和重印本差不多。要紧的是，有乾隆三十八年春三月王功珩撰的序。这说明，乾隆朝中期，王氏在福宝这地方已经住得安稳，并且有了不很少的人口。这一点和乾隆二十五年的《合江县志》把“新场”列入“市场”之中相符。福宝场西南角有一座宝塔形的焚烧字纸的“惜字亭”，亭上刻着一篇《序》文，已经风化掉一半，不能通读了。但有几个重要的字：“积聚约数百家，可称巨镇”。显然是说福宝场，或许叫“新场”。《序》是乾隆五十五年写的。这也能和乾隆《县志》相印证。

见我看得高兴，胖胖的向文元先生也回家拿来了《向氏族谱》。这是他在1999年手抄的，原谱在“文化大革命”后只剩一部，由向文安先生珍藏着，平日不给人看。这谱里写着，明代初年，向氏通江、通湖二祖由湖广麻城县孝感乡进入四川，共八大房，两房住万县石宝寨，一房入重庆，一房入成都，一房入仁怀、合江，一房入綦江。又是一家从麻城来的，是来填补蒙古兵大屠杀之后的四川的。制谱时间是乾隆四十年，比王氏谱晚两年。那时向氏也已经住安稳了，有了一定数量的人口。向姓到合江，和王姓一样，也经历了明初和清初两次大移民，先到川东而后到川南，和四川的大移民史一致。

清初入川大移民，有两条路线，一条以湖广人为主，溯长江而上。另有广东、福建、广西来的移民，则经贵州遵义来，这一路多客家人。我找族谱的愿望被茶馆朋友们知道了之后，传了开去，第二天，我走过街中央坝子，杂货店的老板娘把我叫住，说，她丈夫姓赵，要不要看看《赵氏族谱》。我大喜过望，岂有不要之理。她赶忙从内间拿来三本《赵氏青莲院总谱》，是民国“第一己丑年”修的。民国第一己丑是1949年。我翻了一遍，没有福宝赵氏的事儿。一向爱说爱笑的老板娘急了，变得有点慌乱，跟我一起又翻了一遍，还是没有。这时老板回来吃饭，知道了这么回事，一声不吭，转身到内间又拿出一本薄薄的《可贵支谱》来，原来福宝赵氏是可贵的一脉。这一本看出点儿味道来了，赵可贵的父母住贵州遵义府仁怀县。可贵于万历年间生于川东南綦江，迁居合江县南乡大漕支，卒于顺治年间。这赵姓人家正是从贵州遵义入川的，好了，福宝既有溯长江而来的移民，也有越大娄山而来的移民，两条入川路线的人都有了。2002年4月我第二次到福宝工作，看到《雷氏族谱》。雷氏原籍福建，迁徙史缺失，但提及到大漕河流域之初定居在上游天堂坝一带，那是从贵州入川所必经，然后逐渐向北，来到福宝等地。可见雷姓也是从贵州来的。又见《何氏族谱》，也说是明初到川东璧山，乾隆年间到合江大漕河地区，经历和雷、赵二姓相似。不过，赵、何二姓都明确在明代入川，不是在八大王剿川之后才来，到合江福宝则是在清初。

几天之后，镇文化站的小钟说，他们钟氏也是从山西而江西，由江西而麻城孝感乡再迁来的，明末先迁到忠州，张献忠剿四川后再迁到合江。

从湖广移民四川的上百万人都从麻城来，这说法太不可信。我想起，我们在河北、陕西、山东、河南各地调查的时候，几乎家家祖先都是从山西洪洞大槐树来的。皖南各姓族谱，都说祖先从中原南迁，先到歙县篁墩。闽粤客家，则都经武夷山中段的宁化县石壁村过来。看来，合理的解释是，移民经过长途艰难的播迁，谱牒大多失传，在新乡住定，人口繁衍之后，按照宗法时代的传统，要认宗归祖，以便在异地他乡重新形成血缘的凝聚力，于是第一要务就是修族谱。[1]而移民的文化水平又不高，难免抄袭和拼凑，以致产生了上百万先祖来自一个乡的情况。所以，这些族谱不能相信细节，只是大概知道他们祖先来自何方就可以了。

移民从东边、南边来，在福宝这块地方定居，繁衍生息。福宝给他们提供了资源和交通两方面的优越条件。民国《合江县志·食货》写到东、南、西、北四乡物产，都很详尽。因为详尽，所以比较长，因为比

① 福宝王、向、何、赵、雷几姓的族谱，都说原谱牒遗失，在乾隆年间才重新编写的。

较长，所以看起来很痛快，能了解三百年前的移民为什么会选择这块地方。福宝在合江县南乡四区：

> 邑南凡五区，幅员寥阔，纵长三百里，叠峰重山，毗接黔徼。南四南五两区，形势狭长，纵界巨岭，蒲江支干分贯其间。山七而田三，产谷较鲜，颇宜于荞……尤富竹木，竹种繁复而南竹为冠。巨者围尺有四寸，自贡盐厂截筒穿节，以之缒井汲盐，岁为出口大宗。次则斑竹、紫竹、慈竹、棉竹、笆竹、棕竹、苦竹、方竹、金竹、水竹、刺竹、月竹、凤尾、鸡爪、罗汉、琴丝诸竹。构屋结宇，织簟编篮，造纸刻器，掣麻折篾，制杖供玩，用途最广。南竹之冬笋为佐馐珍品，截而燥之，名玉兰片。篁间阴湿，附产竹参，厥味清脆，与玉兰片并销省外。木则杉、柏、松、枬、槲栗、香樟蔽日干霄，掩映岩谷。斧之为枋，削之为柱，析之为桷桴，浮蒲江以达渝、涪、忠、丰，岁入巨万。蒸樟取脑，解柑为舟、作室、制器，胥为良材。自余橡、栋、乌桕、红豆、白杨、冬青、夜合、檀、楮、榆、柳，并利民用。乌桕结实累累，压取其脂，炼烛造胰，厥用亦溥。山高气寒，又宜于茶。采制茶饼，运销泸州、江安、长宁、纳溪、富顺、隆昌等处……曩时输出茶斤岁以数十万计。

以下又列举棕丝、佛手、桐油、木炭、蚕丝、蓝靛、橄榄、火药、竹纸、荔枝和大宗中草药材。粮食则有荞、黍、红稗、番薯、蹲鸱、玉蜀黍和马铃薯。《县志》所述，虽然可能有一部分是以后引种，但当地的气候、土壤，很有利于发展农业和林业，这显然是福宝一带吸引移民定居的条件之一。

条件之二，福宝交通便利。福宝靠蒲江东岸，蒲江就是大漕溪（河），福宝以下可以通航，在江津县白沙场入长江。福宝是大漕溪水运的起点，附近的山货大量向福宝集中，福宝自然成了个水陆码头和物资集散地。民国《县志》提到，南乡的竹子运销自贡，木材运销重庆、涪州、忠州和丰都等长江沿岸各地。茶、棕、丝、蓝靛也都是外销的大宗。木材从白沙再下放到重庆只有几十公里，竹子则上溯从泸州进沱江再几十公里到自贡。就交通来说，福宝的另一点重要性是，有几条从四川通往贵州的陆路经过福宝，从福宝有三条山路往南，过大娄山经遵义可以直下贵阳。过去这条路上长年马帮络绎不断。作为水陆码头，福宝又是川黔两省物资的交流站。[①]

有了这两个条件，移民当然乐于在这里定居了。

福宝本地主要物产是竹木。我们到福宝就住在林场的招待所里。招待所所在地旧名刘家坪，现在上下一两里长的一条商业街，都是林场用境外为改善森林生态的贷款建造的。镇子老街上也住着不少林场职工。我们在茶馆里或者阶沿上聊天，男女老少，都说福宝四周的山过去都长着浓密的竹木林。经过林场几十年的大规模砍伐，现在已经近乎濯濯童山。接着又是开垦，连再生的小树都没有了，陡峭的坡地，水土流失很严重。1998年来了命令，保护天然林，停止大规模砍伐，要重新植树还林了。这道命令救下了福宝以南大漕河、小漕河两岸山里的60万亩原始森林。经过卫星摄影，证明这是全球同纬度最大的一片天然常绿阔叶林。这片林地之所以没有砍光，是因为产权多年没有归属。现在是国家级自然保护区，准备开发为风景旅游区。我在合江城里正巧遇到几位投资和咨询公司的人，他们来研究在这个保护区里建设一些旅游“项目”。侧耳旁听，好像还要造仿古场镇什么的，我心里很不安。

福宝镇边缘多的是竹子，有些地方成片成丛，密密麻麻。竹子不粗，但很高，又很柔韧，尖端弯弯地垂下来，非常秀气。这种竹子叫慈竹，又叫钓鱼慈竹。叫它钓鱼慈竹，是因为它们喜水，在溪河边长得特别茂盛，而垂下来的竹梢又像是在钓鱼。蒲江西面有一条不宽的小

---

① 2002年元旦，《北京日报》有一则新闻，说是在贵阳市郊的长坡岭发现了一段保存完好的古驿道，是古代贵阳经遵义到四川的官道，路基宽1.5米，全部用平整的石板铺砌。可见当年很重视这条道路的建设。

河，从铜鼓岭下来，两岸长满慈竹，遮天蔽日，形成一条碧绿的廊道。我几次下午经过小桥，从桥上望去，西斜的阳光透过摇曳的竹丛射来，造成迷幻般的景色，仿佛这条廊道通向一个神仙居住的极乐世界。我踏访经铜鼓岭去贵州的山路，沿这条小河走，一路上多南竹和阔叶树，鸟鸣脆滑响亮。山路蜿蜒，盘旋而上。小河边也有南竹，新的正在脱箨。林区里更多，但现在市场不景气，因为自贡的盐井已经停止生产许多年了。2001年夏天我参观自贡市，两千多座几十米到百多米高的井架都拆毁了，只见到一个井场的模型。井架是南竹搭的，几百米长的取盐卤的竹筒是南竹接起来的，固定井架和提放汲卤竹筒的缆索都是竹篾编的，废弃的竹缆就用来编熬盐厂房的墙壁。当然，装盐外运，也用竹编的筐子。老朋友陆强告诉我，自贡周围百多里半径的范围里，过去都为盐业种南竹。因为竹子长得快，有些地方如宜宾、江津，现在还可以看到广阔的竹海。福宝自然保护区里两大片竹海就有13万亩。慈竹只能用来编日用竹器。

住宅山墙墀头（罗德胤 摄）

我们每次在江南各省下乡，都能见到十分精巧、十分细致的竹编器物，即使纯粹生产用的农具，如谷箩、簸箕之类，造型也都很讲究。福宝的竹器，风格和江南各地完全不同，它们不以细巧工致取胜，很简练，有一些粗线条，但自有一种质朴、敦厚甚至豪放的美。因为重视实用性，所以更富有工艺品的美学本色，看上去制作方式和使用方式清清楚楚。我非常喜欢它们。有一天傍晚，我正匆匆往住宿地走，看见一位老人站在街边抽旱烟。现在抽旱烟的人已经很少，我着意看了他的旱烟杆一眼，一看，就站住了。这是一根四十多厘米长的烟杆，黄铜的斗，黄铜的嘴，倒也平常，但中间那一段竹子，太美了。大约跟手指头一般粗，节环很密而且显得粗壮。我伸手拿过烟杆，问老人，这是什么竹？他说叫罗汉竹。我又问哪里弄得到。他显然对这根烟杆很得意，一脸笑容。旁边一位老妇说："这竹子现在难找得很哩，要走很远，爬很高的山，少有了！"老人说："你要不要？""要！""跟我走。"他把我带到家里，在柴禾房里翻了半天，找出一小捆罗汉竹来。我一看，都是没有加工过的原料，就老实不客气要夺人之好，问他，能不能把手里的烟杆卖给我。想不到那么容易，他一口答应，我付了四十元，就插到腰带上回招待所了。一路上，烟杆的余热烘着我的后背，暖暖的，很舒服，就像老人的手在抚摸着我罗汉竹一般的脊梁骨，烟杆已经有了老人的灵性。

五龙抱珠

现在福宝老街上的住户，都是“居民户口”，就是说，是吃商品粮的非农业人口。1952年土地改革的时候，福宝老街上除了几户绅粮之外，都是工商业经营者，没有种地的。那几户绅粮也经营工商业，所以土地改革后也算居民户口。场镇左右的田地由“乡下人”种，乡下人就住在镇子外东一家西一家零散的农舍里。按四川人的说法，也叫住在村子里。五十年来，这种农业人口和非农业人口的“身份”是固定不变的。当年老街的居民后来一大部分转化成“公家人”，在供销社、粮站、林场等机构里工作。作为非农业人口的公家人，他们所受的公社化、“大跃进”、炼钢铁等等的祸害比农业人口小，也没有饿死过人。供销社木器厂的一位工人王忠会还用自己少得可怜的口粮救活过两个饿晕在街上的农民。但现在公家机构不是撤销了就是萎缩了，他们的后代，仍旧吃商品粮，没有土地可种，不能像父辈那样成为“职工”，只好出去打工。

至少几代人没有种地了，街上人不大关心农业对福宝镇的形成和繁荣的关系。他们对福宝镇的形成和繁荣另有自己的说法，这说法，曲曲折折地反映出他们的经济利益。

一天下午，我在老街南头十字路口天禄阁茶馆里占了张桌子。南头是整条老街唯一还有点儿生气的地方，因为它的西侧，不长的一段福华老街连着新区。新区完全代替老街成了经济文化和行政中心，平日就很热闹，再加上继承了福宝二百多年的传统，每逢阴历三、六、九有“场”，也就是集日，所以，福华老街的这一段，还有一些小店铺和小作坊开着，住户因此也比较多。一百来米长的福华老街和新区双河街接头的地方，有一个拐，叫“神仙口”。拐的下面是大搞阶级斗争时候驱使劳改犯造的新市场，也叫新华市场。

碉楼

天禄阁茶馆现在没有店号，老板姓谢，老板娘当垆。我在茶馆里一坐，陆陆续续就来了些人聊天。四川人爱摆龙门阵是出了名的，不请自来，来了便“知无不言，言无不尽”。到福宝来之前，听说语言学家把四川方言列入北方话系，我们都可以听得懂。谁知他们说起来，特别是七嘴八舌抢着说，或者发生争论调门有了变化，我便一点儿也听不懂。四川话把“儿字韵”夸张成了一个音节，而且是个复音，舌头尖要弹两三下。五十多年前我学俄文，练过这一手，现在舌头已经硬了，不行了。四川女子说起话来节奏尤其快，清脆，为了打破男子汉的“话语霸权”，在许多场合都抢着说。有一次，镇里的一位女书

码头

记，很热情地拉住我说了许多话，音色柔和甜美，抑扬顿挫，韵律感强，打上适时装饰的儿字韵，真是像盘上珠落，叶底莺啼，好听极了。但是她酣畅淋漓地说完，我却一句也没有听明白。

这个下午我希望大家说的是福宝镇为什么会发达起来，看看民国《合江县志》上说的跟朋友们想的是不是一致。这个话题容易教他们激动，因此说的话就不好懂，我只得不断地叫“停板”，请几位当过“干部”的人慢慢解释。

福宝为什么会发达，因为风水好。

福宝的风水是“五龙抱珠”。我听说：五龙是五条山埂——东北的经堂山，东南的岩口山，南偏西的望兵嘴山，西边的银顶（鼎）山，西北的游狮（丝）坪山。福宝在这五座山围成的盆地里岩口山向北伸出的一条两百多米长的狭窄山冈上。这山冈叫明月山，便是五龙所抱的“珠”。大漕溪从岩口山和望兵嘴山之间流来，自南而北流过福宝镇西侧，从经堂山和游狮坪山之间流出。岩口山和经堂山之间从东流来一条白色溪，明月山把它一拦，它便折而向北，又被经堂山脚一拦，便转了个急弯又在明月山和大漕溪之间很狭窄的地带向南流来，再被岩口山拦住，向东一拐流进了大漕溪。白色溪围着明月山绕了大半个圈子，紧紧抱住了福宝街。我记得头天满镇子转，在蒲江河上新建的大桥上望四周的山峦，在西南方见到一座险峻的高山，大约跟望兵嘴山一般高，紧紧靠着望兵嘴山，黑魆魆的双峰危峙，有点儿怕人。我站了一会儿，身边便围起十来个人，他们告诉我那座山叫狮子山。这时在茶馆里想起来，便问，那狮子山怎么不算一条龙？一位叫蒲柏龄的先生（1940年生）说：狮子山上没有路。我更奇怪了，没有路怎么就不算龙？折腾了半天，才弄明白，原来“五龙”不是我起初以为听懂了的五条山埂，而是五条山埂上的路。“珠”也不是明月山，而是福宝场。这很有趣，跟我过去所知道的风水术数的观念大不一样。那么，是五条山路来抱福宝这颗珠。

这时候，王忠会（1943年生，木匠）先生说了：福宝的风水，又叫五龙抱珠，又叫九龙会首。九龙，是另外还有四条小山路。大家都点头说，是的，是的，没有人反对。这九条山路，最重要的是过望兵嘴山到习水、桐梓再到遵义去的那条，那是川黔商道之一，常过马帮。过游狮坪和过铜鼓岭的两条路经赤水通贵州。逆白色溪而上，过山到先滩镇再翻越四面山就到了重庆。所以从重庆赴贵州，古时走陆路都要经过福宝。其余五条都是通向邻近地区的，每逢集市，几十公里半径范围的乡人都从这些山路来到福宝赶场。它们和蒲江一起实现福宝场作为物资集散点的作用。

用道路代替山脉作为风水上的龙，至少在福宝场，是商业的重要性超过了农业的反映。风水无非是说周围环境里什么东西能给居住者带来利益，福宝的人们认为，能带来利益的是道路。五条也好，九条也好，交通是商业的命根子，道路和航路在福宝“会首”，福宝当然就是光辉灿烂的一颗明珠了。“五龙抱珠”，“九龙会首”，是商人们的风水观。

不过，福宝也有农民们的风水之说。那天在新区的大桥上，曾经在镇文化站工作过的杨道常先生（1935年生）说，顺蒲江东岸下去一里多路，明朝时候有个王家场，失火烧光了，重建了一次，又烧光了。于是住户请阴阳先生来看风水。先生说原地的风水不行，要重新找地方，一找找到了明月山，说这里的风水是“一蛇盘三龟”，必定要大发。一蛇就是白色溪，三龟是明月山、它东面的天坛山和西面的乌龟山堡。蛇盘龟即蛇龟相交，是玄武，早在春秋战国时就有。合江县文化馆里的汉代石棺上刻着玄武浮雕，县北白沙区焦滩乡老泸村还有全国最大的一个石雕玄武，在纱帽崖下石坝上。它高1.88米，周20米，缠在腹背上的巨蛇长达21.5米，躯径32厘米。看来这个地区对“玄武大帝”（宋代以后叫“真武大帝”）的崇拜比较盛行。关于玄武神的说法很多，主要的都说它是水神，主北方。例如《后汉书·王梁传》说：“玄武，水神之名。”《重修纬书集成》卷六《河图帝览嬉》说它“镇北方，主风雨”。所以城邑、宫殿、乡村，常名北门为“玄武门”（也叫真武门），或者在北门建玄武庙（也叫真武庙），用来避火。早年的王家场两度被烧，所以阴阳先生选“一蛇盘三龟”的风水，用意在于避火。以木构建筑为主的聚落太害怕火灾了，人们无力抗灾，便只好求助于冥冥中的力量。这位阴阳先生说的还是正统的风水，一种农业文明的观念。难怪在老街的茶馆里没有人提起这个“一蛇盘三龟”，只在我追问的时候才点头承认也有这么一种说法。

天坛山不大，在福宝林场的园艺场里，我到瓦房头去的时候从它边上经过。乌龟山堡最小，一度当过“官山”，就是义冢。顶上过去有一座钟楼，每天按时敲响，向全镇报时。后来钟楼拆掉，由供销社种了些橘子树，山堡顶上造了个大大的蓄水池，是为山堡下一个什么工场贮消防用水的。

风水术数是彻头彻尾的迷信，但在农业文明时代，却很有影响，它的作用在于使乡民们对自己所居住的这片土地抱有信心，克服千难万险，开发这片土地。年复一年地春耕秋收，半饥半饱地盼望着这片土地除了给他们粮食之外，还能给他们或者子孙带来更大的幸福。他们把命运既交给了这片土地自然的生殖力，又交给了这片土地超自然的影响力。于是，他们老老实实、安安分分地在这片土地上忍耐着一切，等待着遥远的可能会有的幸福。土地，土地，这片土地！

我向来反对一些人用“科学”来渲染风水迷信。但是每次下乡调查，我还是要详细听听各处有什么样的风水说法。一是为了理解农村聚落的选址、朝向、布局等受风水术数影响比较大的方面；一是因为通过风水的折射，可以触摸到乡民们对生活的憧憬，体验他们的感情。所以，无论是街上人说的“九龙会首”，还是乡下人说的“一蛇盘三龟”，我都有兴趣，跟他们一一讨论。茶馆里空前热闹，人人都有一番见解，可惜我听得懂的话本来就不多，再加上七嘴八舌高声地嚷，很难记录下来。因此我的笔记就很不规范化，没有说话人的姓名、身份和年龄。

我坐的位置面朝南，门前是十字路口，向东拐叫“柴市巷”，百十来步长，出寨门便通瓦房头。以前每逢场日，这里是柴担集中的地方。一直向南是个一口气上四十八步的很陡的高台阶，叫“鸡市上”。上了台阶向东拐出寨门就是岩口村。向前再上二十二步台阶则是火神庙，全镇的最高点。我们围在茶桌边一起聊天的时候，不断有七八匹一批的马帮从西边福华街过来，拐弯攀登鸡市上。每匹马分左右驮着一对筐子，一共装42块砖。我约莫估算一下，250斤左右。面对这一溜儿陡峭的高台阶，向来以善于爬山闻名的川马都发怵，不肯上。有的装傻，不拐弯直往柴市巷闯，赶马人使足了劲骂骂咧咧地往回拉；有的装孬，站在台阶下伸直了脖子长啸当哭，赶马人挥起鞭子，满天里噼里啪啦地响。等到一场骚乱被镇压下去，马匹就乖乖地一个跟着一个上坡，脚下不断打滑，蹄铁在石板上敲出一簇一簇的火花来，还时时要紧急停步，死死撑住，才不致滑落下来。这样的场面已经持续演出好几天了。我问，这些砖运到哪里去。听人回答，岩口山半腰有人家造新房子，砖是从新华市场运来的，到目的地有四里路。“运一趟给多少钱？”“一块砖七分五。”我算了一下，一匹马运一趟只挣三元一角五分钱。我已经没有心情打听一天能运多少趟，那浑身创伤的马匹叫人看了心酸，更叫人心酸的是赶马人腿肚子上暴出来蜘蛛网一般的青筋，有手指头粗。我走了走神，想，两千一百多年前唐蒙通夜郎就是这样过去的，直到二三十年前，一切照旧。福宝场建成以来，三百年了吧，从这个十字路口，每天都有马帮走向福华街，不到一里路来到中码头和上码头，用木船渡过蒲江河，上岸到西河街，然后向南走到天堂坝，走进大娄山脉深处，翻过几道1700米上下的山垭才能到达贵州的习水。那路程，肯定比“鸡市上”要险峻多了，要艰苦多了。所谓川黔贸易，就是这样进行的。赶马人的收入不会比现在运砖高，马身上的鞭痕不会比现在那骨瘦毛稀的几匹的少。2002年4月，我再到福宝，鸡市上响彻了号子声，原来是抬大约四米长的钢筋混凝土板。每块板由八个人抬，前后各四个。一个人带头呼号子指挥，别的人应和。我赶到寨门外去看，一条山路峻急地向上，直钻进云雾中。抬板子的有三组人，一个多钟头一个来回。我问了问，一天挣30元钱。那在建的房子，还是头年冬天马帮送砖头去的那一座。

去贵州的路都用石板铺过，每到岔路口，必有一块石碑，刻着各方道路的去向和里程，指方向的箭头叫“将军箭”。偶然还可以看到路边立着大大的石碑，刻着捐资修路架桥的人的名字和捐款数目。[①]我们循向习水去的路和向赤水去的路都走了一段，看见石板已经不大整齐，有一些是近年路边开荒种地挖掉的。历代沿路建造了一道道军事关卡，最重要的是今福宝区天堂坝乡互爱村的“红牵子”，乡民们叫它“红圈子”，在福宝场东南不到50公里，走山路大约二百里左右。关于红牵子，1980年代新编的《合江县志·文物》有一段话：

> 海拔一千五百七十米，为大漕河（蒲江）发源地。山岭关隘有城门，筑于清代咸丰甲寅年（1854）。石墙高三米七十，城门为双拱，高二米九十，宽一米九十，厚四米五十。门额上有太极图，图上方有碑，刻“武定门”三字。原有城楼，住一班人看守，传为防御贵州土匪入川而建。红牵子地势高险，扼川黔两省古时运输咽喉，为运盐和鸦片的主要路线之一。当时马帮、肩运络绎不绝，附近一饭店，每日卖米数十斤，生意十分兴隆。出关沿陡坡南行三十里，即到贵州习水县温水区狮子乡。清末民初，红牵子北面山下互爱村营盘（今属合江天堂坝乡）办有铁铧厂，生铁均从贵州天星桥经此路运来，利用产量较多的木炭冶炼。……四周漆树、油茶、油桐、棕榈较多。北面山腰佛陀坎有摩崖石像及碑刻，碑文记有清嘉庆十五年（1810）该地已属合江大漕支八甲。

我读给茶馆里的朋友们听，他们说，这段记录里写着“马帮、肩运”，其实马帮不如肩运的多。肩运又分两种，四川人用扁担挑，贵州

---

① 沿白色溪北岸去先滩的山路上有一块大清道光十六年（1836）五月立的石碑，高达两米左右。上仿瓦顶，两侧仿木柱，柱上有联：“六人募化成善果；一条大路便人行。”中央刻“桥路碑记”，首句为：“尝闻帝君垂训善人当兴桥梁道路补葺重新。”并刻六人姓名。

人用背篓。商人们、绅粮们则乘滑竿上路。这段文字里最有意思的是，川黔之间，又要交流物资，又要森严壁垒，这就是当年这个蛮荒地区的实际情况。所以福宝和天堂坝之间来去必经之山叫“望兵嘴山”。朋友们说，据老辈人相传，过去山口有旗杆，从镇里可以望见，发现土匪来了，就会报警。土匪大都从贵州来。

从福宝向西到贵州赤水县石笋乡也有一条山路，从游狮坪和银顶山过。因为到了赤水县就有赤水河的航运可以利用了，所以这条路也很重要。路上有个关隘叫石虎关，在福宝区栗子乡周坪村，地势高险陡窄，道路壁立在山崖间。1935年红军到遵义，合江的地方部队在武定门和石虎关都曾设防堵截。

从福宝镇到贵州去，要西渡蒲江河，上码头是最主要的渡口，因为这里正是蒲江河航运的起讫点，是水陆转运站，各种设施比较完备。它在白色溪注入蒲江河的口子的上游，也就是南侧。从老街南端，经福华街斜向插到上码头，可以不必再跨过白色溪宽阔的河谷，也比较便捷。民国《合江县志》里说，佛宝上渡“一称蒲江渡……清乾隆五十三年（1788）何灿山、陈俸等募银四百六十两置三角潭渡田，有碑记。其后王恒清又捐冈门溪渡田，年租五石”。乾隆五十三年的义渡碑已经没有了。王恒清的义渡碑在街上清源宫进门左侧的墙上，是道光四年（1824）立的。由善士捐田设渡便利大众，是我国通行的乡俗。渡田，就是用它的租谷来维持渡船、码头等经常费用的田产。上渡一直在使用，对岸发展出了个西河街，有几十户人家。近年渡船坏了，拖延很久没有修好。这里江阔四五十米，水流平静，水色碧绿，两岸竹树蓊郁，码头上各有黄桷树一棵。《县志》里还记载着佛宝中渡和佛宝下渡。中渡“一称刘渡，民国初年刘秉仲置。每年拨刘氏祠租谷三石作义渡经费”。中渡位于刘氏宗祠前。我们第一次去福宝工作，找来找去没有找到遗址，第二次去，毫不费力地就看到了“中码头”碑，在上码头下游一百多米，也靠着福华街，早已废掉。当初上渡和中渡相距如此之近，可见交通运输的繁忙。刘氏祠堂在扩建中学的时候为了方便运输建筑材料而完全拆掉了。[1]下渡在游狮坪，“一称韦公渡……清道光间韦文光捐置渡田，年租二十二石，知县高殿臣为书碑”。我们没有找到下渡，老人们说在蒲江新桥下游几百米，福宝镇的水口处，也就是传说中王家场的大概位置。它离我们住宿的林场招待所应该不远。

从福宝老街到下渡去，得过白色溪。老街北端，向西拐，便是一道单孔石拱桥，东西向跨过白色溪。民国《县志》说：“清乾隆四十七年陈性文、李三露、卢首林等募修。道光十年王朝维、胡茂南等重修。”镇文化站给我一张复印的“泸州市文物保护单位情况一览表·合江县”，那上面记载这座桥“建于道光二十年，全长25米，宽4米，拱高6米”。我们实测，桥宽为5.2米。我从桥北侧1980年代建造的福宝工农兵旅社后院下去，到桥底，想测量拱的跨度，但没有办法接近。只在黑影中见到桥拱龙门石向上游一面挺出一个龙头。带我下去的旅社老板娘说向下游一面的龙门石上雕的是龙尾巴，不过已经在“文化大革命”的时候被“革命者”砸烂了。关于建造年代，这份“一览表”和《县志》不同。桥的东堍正对的福宝街北端东侧有一座小庙，庙里左右墙上各嵌着三块石碑，后墙上也嵌着一块。“文化大革命”的时候，庙里的住户给它们糊了一层石灰，侥幸保住了它们。现在庙里的住户叫杜文进（1965年生），是位复员军人，曾经在黑龙江驻扎过，人很开通、热情。他用菜刀帮我在左墙上刮开了几处，原来这是一块为修桥而立的功德碑，碑额刻“同结善缘”四个大字。碑上全是捐款者的人名和所捐的数目。我看最后一块碑的最后一行是“道光十三年岁次癸巳小阴月吉日”。更重要的是右墙上的那块碑，记着乾隆四十四年（1779）己亥大水，回龙桥倾圮，乾隆四十七年（1782）由陈性文、李三露、卢首林等募资修复，道光九年（1829）己丑大水又倒。再修复后叫“永定桥”。碑是道光十二年立的。从这道碑看，桥在道光十年重修是正确的。至于道光二十年是不是又经过一次修缮，就没有资料可以证明了。不过，龚在书先生支持这个说法，他说，桥拱腹底刻有“道光二十年”的字样。后来，王

① 现在中学迁到新区镇政府北面，原址改为小学。

本国先生也说有。龚在书先生说，道光十年建的老桥冲塌之后，过河全靠“石磴子”，就是矴步。一共有14块石矴，所以叫“十四跳”。雨季水涨，就不能过河。不过一般是三两个小时水就退了。有一次发洪水，矴步淹没，性急勉强过河的人，不到一个钟头死了三个。于是一位韦姓的绅粮，自己出一大笔钱，又组织募捐，才在道光二十年间造成新桥。为了镇住洪水，在拱腹底面刻了一支“斩龙剑”，很灵验，以后石桥再也没有塌过。那么，道光二十年是最后一次重修。不过现在找不到关于这次重修的碑。这座石拱桥正在白色溪受经堂山阻挡折回头向南流的地方，因此得名为“回龙桥”，后来白色溪绕福宝场的一段改名为回龙河，福宝老街也随着叫回龙街。但那十四跳矴步居然在福宝留下长久的记忆，一直到1950年代，当地人们还把福宝叫“磴子上”。①

龙门阵摆的时间很长了，茶已经续了几次水，淡而无味了。有几个放学回家的孩子来找爷爷奶奶吃饭，我只好再把话题拉回来，准备结束上午的调查。我问：经福宝运到贵州去的主要是什么东西？从贵州运来的又是什么？这个问题很快就有了一致的意见：从江津县白沙镇顺大漕河上溯而来又运到贵州去的主要是盐、酒、糖、布、铁农具再加上本地产的蓝靛。其中自贡来的井盐是重中之重，所以经红牵子出武定门的山路叫“盐道”。从贵州运来又转到白沙、江津去的，主要是桐油、土漆、药材、棕片等等，最大宗的是鸦片。

说到鸦片，大家的兴致又重新高涨起来，言语也激动起来，“龟儿子”“格老子”之类很能调动情绪的语气词也多了起来。先是龚在书老先生说：“吃大烟，都是绅粮吃，干人（即穷苦人）不吃。干人做力气活，挣得少，又怕伤身体，不敢吃。”马上有人不同意：“干人也有吃的，龟儿子吃的人多了！”又有人说：“闲人吃！”福宝中学退休的女老师，姓蹇，教数学的，用她的专业习惯做了结论：“什么样的人都有吃的，大约占人口十分之一。”

① 在1980年代的航测图上，把“磴子上”标在蒲江新桥西岸。蒲江阔而深，不可能用石磴过河，一向用船渡。

接着就有人列举烟馆的名字，几家茶馆，袍哥们开的，都是前堂卖茶，后堂卖烟，再加上天禄阁的逍遥宫，这些我都早已经知道了。有一家酒馆“太白楼”，后堂也有烟榻。老街中段坝子北边东侧有两座房子，底层是烟馆，楼上是妓院。这些龚先生上次没有说，他多少有点儿为家乡隐讳。这时候，龚先生又说话了：“自从取消团总和保甲，建立区公所之后，就制止吃大烟了。区公所要抓的，抓了要罚，有些绅粮在家里吃了要，提神醒脑啦。”马上有人纠正：“哪个说不敢吃？多了啦！格老子街背后种的都是鸦片！”我忙问街背后指的是哪一块，原来就是镇子东侧岩口山和经堂山之间的一大片耕地。又是退休数学老师总结：“国民党是有不准吃大烟的规定，但是实际不管。四川军阀刘湘，搞‘窝捐’，就是对鸦片征高税，说是寓禁于征，其实是借机发财。”龚老先生没有说不同的话，补充说：“1950年，解放军来了，大家知道共产党不叫吃大烟、种鸦片，就不种也不吃了。”我停了一会儿，看看大家不再争论，有几位老太太抽身走了，便结束了这半天的龙门阵。

从南端十字路口的茶馆回林场招待所，可以走两条路：一条从老福华街到神仙口、新华市场经新区双河街，走到回龙桥西堍再往北走两百米左右，这条路很平坦。另一条径直向北上坡几十步台阶，再下坡几十步台阶，穿回龙街，过回龙桥，到桥西堍，同样走那两百来米路到招待所。我爱走回龙街，领略那古色古香的气息，就像穿过一段充满了故事的历史。回龙桥西，路口矗着一块大牌子，是饭店的广告，写着四个大字：“花江狗肉”。花江狗肉是贵州的著名菜肴，我每次经过那里都会想起我走在贵州边上，想起两千一百多年前唐蒙的伟业，还有那位司马相如。我过去从来不知道这位有点儿无赖味道又爱写些阿谀逢迎的辞赋的文人，居然也曾身为中郎将，仗节远使蛮荒的夜郎。我跟年轻朋友们说：临回家之前，一起去吃一顿花江狗肉，以纪念为祖国的统一建功立业的先人。后来因为我提前到合江城里查文献资料，这个愿望没有实现。不过，也许幸亏没有实现，否则这种“纪念”不免太轻薄了。对待历史，对待建功立业的先人，永远是要肃然起敬的。

回龙街

“一蛇盘三龟”，福宝场所在的小山冈因修长微弯而叫明月山，是位居正中蕴天地之灵气的“龟”。

这座小山冈是岩口山的余脉，从岩口山下向北延伸，它和岩口山之间断开而有个低谷。山冈上只有一条街——回龙街，循山冈的正脊走。那个低谷，正是老天禄阁茶馆前的十字路口，向南岐出的福华街，造得比较晚，一直通向大约370米以外的上码头。

回龙街依山就势，上坡又下坡。从南端岩口山脚的火神庙出发，下22级台阶，再经“鸡市上”下48级很陡的台阶来到十字路口，向北走不了几步，上46级台阶，来到小山冈的最高处，也是回龙街的中段，有一个大约三十多米长、8米宽的小平地，街上人叫它“坝子”。坝子是四川话平地的意思。每逢集市，这坝子便是最热闹的中心。再向北，断断续续下82级台阶，来到回龙街的北端，走几步平路，向西一拐，便是回龙桥。回龙街并不长，总共只有260米左右，没有大曲折，但是高高低低、上上下下的台阶和一路的小拐小弯造成了极其丰富复杂的景观。从高处俯视，从低处仰望，一幅幅的图画，简直会教每一个有一点点儿审美能力的人心醉神迷。2001年夏天来了一趟，只逗留了一个钟头，我立即决定了秋末冬初要来做一个课题，就是为了这条艺术长廊。秋冬之交果然来了，工作期间，有晴天，有雾天，有雨天，有阴天，几位摄影的

张飞庙封火山墙（罗德胤 摄）

同事，扛着好重的三脚架，跑上跑下，气喘吁吁，汗流满面。有一天早晨，合江县旅游局副局长贾大戎先生陪我一起进街，刚过回龙桥，抬头一望，82级台阶左右摇摆着高高升腾上去，尽端隐没在薄薄的朝霭里。淡淡的一缕阳光从参差交错的瓦檐间洒下，正落在一位背着孩子下坡的女子身上，给她勾出一圈灿烂的金边，弥漫开来，也把轻雾晕染成金色。贾先生是西南师范学院美术系出身，学过油画，心灵立即被这个景致感动，一面赞叹，一面忙着掏出相机。我没有动弹，屏息幻想着一幅圣母子图。拉斐尔的《西斯廷圣母》画得太豪华了，耶稣基督是降生在农家马槽里的呀！什么人物一沾上“圣”字，画家就把他贵族化，失去了人间的亲情。而眼前这平凡的母亲和孩子，从古老的街巷走出，漾着一脸幸福的爱，教我的心发颤。

回龙街的景观，有许多是偶然形成的，也确实有一些是有意获致的，例如街的两端。从白色溪西岸走上回龙桥的时候，正好面对着经堂山巍峨的尖峰，给人很强烈的印象，桥的位置和方向显然是经过推敲的，选择得非常好。一过桥，向右一拐，立刻进入了另一个境界。半封闭的空间里，每一个角落都等待人们去发现美，一种饱含着人情味的美。走完这条永远都有新鲜感的长长画廊，街的南端，结束点是火神庙，从“十字路口”攀登70级石阶到它的门前，庙貌庄严，风格和整条街上轻快的木构房屋不同，正面是石墙封护，山墙上出马头。它居高临下，庇护着福宝场。回龙街不长，但有节奏变化。除了上上下下的石阶之外，最高处的坝子突然放宽，空间舒缓敞亮，不但给从两边攀登上来的人一个体力上的调剂，也给他们一个心理上的抚慰。坝子的两头，走出十几步，都有一个寨门，可惜已经在几年前拆掉了，因为赶场的日子人们太拥挤了。我站在寨门位置上向前看看又向后看看，深深觉得遗憾。如果寨门还在，那么，景观又多了几道层次，多了几个变化。在拆除寨门的时候，也因为同样的理由把台阶加宽了一倍，不但削弱了它们险峻的感觉，也使它们和檐口高不过四米左右的房屋以及宽只有五六米的街道之间失去了尺度的统一。自从1980年代建设了新区之后，回龙街不再设集市，住户也稀稀落落，拆除寨门和加宽台阶的理由不再存在，景物的这些变化就更加教人觉得可惜了。1982年，贾大戎先生在福宝当镇党委书记的时候（1982—1986年在任），下决心完全照原样把回龙街保护下来，真是难得。有一幢房子，早年扩展了一只角，向街面突出，有人主张拆除它，贾先生不同意，说它丰富了街景，而且记录了房屋的生长过程。这只角终于保存下来了，我们仔细欣赏，果然是好。我想，在适当时候，严格照原样重建那两道寨门，恢复台阶的宽度，或许是合理的。

回龙街两侧全被房屋占满，除了四个巷口之外，如鳞如栉，密接不断。但是当年，大都是南方典型的完全开敞的店面和茶馆、酒肆，街边一个挨一个地放着煮豆花的铁锅和蒸黄粑的木甑，热气腾腾。店里的老板娘和茶客、酒友跟在街上溜达的熟人高声打招呼，嚷几句亲热的话，那种生动的、充满了活力的场景，会使宽度不过三四米的街道容纳下乡间全部的活力和亲情，没有人会觉得它过于狭窄。可惜1980年代起回龙街转变为居住区之后，店面绝大多数都改造过了，门板钉死，只在一边开个小门。好在都还是木板门面，只有少数砌砖。在福宝调查了几天之后，我到尧坝镇去了一趟，那里的老街不但完全保存着原貌，而且更难能可贵的是仍然保持着当年繁华的商业和饮食业，甚至坐在茶馆里的客人大多还是穿蓝布对襟短衫，用白巾缠头。来采购的男男女女，都照老式个个背着竹篓。更有趣的是，各种店铺都有自己的特色：京果店的柜台比一般桌子略高一点，放上玻璃糖果瓶，正好在路人的眼前。绸布店的柜台是斜的，外沿只有70厘米高，放匹头，能完全展现绸布的美。茶馆是一边有个曲尺形柜台，酒店则在一边放几个极大的酒缸，另一边放座头。最有意思的是，茶馆有门槛而酒店没有门槛，为的是让喝得醺醺然的顾客出门时安全，不致脚下吃绊跌倒。这措施很有幽默感，更有人情味。圆滚滚的酒缸外面兜着竹篾编的圈套，模样非常可爱，或许当年的酒店老板就是这么憨厚亲切。药铺的特征是中央一块门板上部有个不大的窗子。药铺济世救人，通宵都要给病人抓药，这窗子就是夜间收方付药用的。这也很教我感动。小小的场镇，洋溢着浓浓的乡谊。

不过，福宝场大约过去也没有尧坝那么热闹，因为它不但远比尧坝街短，而且北段和坝子的东侧接连有六座庙宇，只剩一点余空开几家店铺。东侧也有一座庙，好在它临街三开间倒有两间是店面。

福宝回龙街上的房了都是木构的，从街上看一律两层。大多是二或三开间，开间大小变化很大，总面阔最大也只有八米多。分前后两进，前店后宅，当中夹一个狭小的天井，当地叫“院坝”。但大多数房子后来都在院坝上加盖了屋顶。打开门板，沿街店堂光线充足。走到院坝，黑黝黝的，只有屋顶上几块玻璃明瓦透一点儿光进来。穿过院坝便是居住部分，我们进去，眼前一亮，后窗外一派山水风光。但我们发现自己竟在楼上。楼板是杉木板铺的，透过好大的缝子可以望见下面的房间里。小心翼翼从又窄又陡又吱吱咯咯响的楼梯下去，一层又一层。所以，绕到福宝镇外面东面两侧谷地里去看，房子大都是三层至五层的，完全是吊脚楼的做法，当地叫“虚脚楼”。虚就是空，最低一层或者两层往往只有凌空的柱梁结构，非常轻灵。它们的面貌和在回龙街上看到的完全不同。出现这种建筑做法，是因为回龙街所在的明月山山脊很窄，左右坡很陡，而房子两进加一个院坝，总进深达到十几米甚至二十几米，前进店面在街上，后进住宅就挑出到半空里去了，于是就用木结构架起，封上板壁就成楼层。根据山坡的斜度，坡陡一点的地段，可以在街面的水平之下有三四层，坡缓一点的地段，只能有一两层。虚脚楼的木料不大，能造到五层楼，在工程上也值得一提了。南段东侧的万泰竹木行则是街面上两层，虚脚楼四层，一共六层。西南交通大学建筑系的美术老师季富政先生著的《巴蜀城镇与民居》（2000年版）里，介绍了许多四川和重庆山区的场镇，好多都是这样的。

把场镇建在山冈之上，推测起来，大概有三个原因。一个是为了不占农田。山间盆地，农田很少，十分宝贵。一个是为了便于防御土匪侵犯。这里土匪之多也相当有名，福宝场就屡屡遭到土匪抢劫甚至焚烧。还有一个是为了防洪水。大漕河上游距福宝大约1.5公里，一块长约30米、高约10米的岩石上有一方石刻，长1米，高0.65米，刻的是“大清嘉庆拾年四月初八长大水”几个字，这是当时的水位记录。可见当时人对洪水威胁的关切。[①]1954年，大漕河山洪暴发，就曾把上码头的房子淹了，现在还可以见到残存的房子二楼窗台上的水印，距码头下层台阶踏级将近10米高了。这三条原因都不涉及居民的日常生活方便。街上人家用水，要到蒲江河去挑，上坡下坡非常辛苦。现在虽然装上了自来水，因为水费贵，有些人家在需要大量用水的时候还是下河去挑。

---

① 福宝明月山，东侧山脚白色溪畔海拔242.8米，西侧山脚白色溪畔海拔241.0米。这块碑所标的水位海拔高度未曾测量。

这样建造起来的场镇，不但内部街景变化多端，外侧景观也同样丰富多彩。我们到东面的山麓去，只见一长排四五层的虚脚楼，参差错落，欹侧进退，虽然残破，却组成像仙山楼阁似的壮观图景。加以各座虚脚楼的材料和色彩并不完全相同，有黄色抹泥墙，也有抹白灰的。万寿宫有三层高的大石基墙，文馆则上下玻璃到底。屋顶的做法也有些区别，大多是悬山式的，而火神庙、桓侯宫和万泰竹木行则有封火山墙。由于山势的关系，这一大片建筑群中央高，那是“坝子”，两头渐渐降低，北端是五祖庙，南端是逍遥宫，火神庙又重新高高突起。场镇西侧不大容易看到全景，因为白色溪西岸建造了新区。我们找到几家新房子，爬到楼顶上去看，福宝老街西面的高低、进退、虚实的变化比东面更大，非常活泼，而且坡上慈竹和杂树很多，一丛又一丛，掩映着房子，更加富有生气勃勃的画意。民国年间，甲子匪患之后，街上造了三座碉楼，都在坝子左右的房子的后沿。刘家巷西口刘汉民家和几乎对称的东侧万泰竹木行后身的各一座碉楼已经毫无踪影。另一座原来五层，造在坝子北边皮达才家大宅的背后，顶上一层因为年久失修，怕倒塌危险，拆掉了，还剩四层。现在这碉楼还是歇山顶，有腰檐和挑廊，檐角起翘，是西面最高点，使建筑群更添一些变化。因为是碉楼，所以下面三层用砖筑墙。①

街上的房子，前进店堂有一个两坡的屋顶，后进住宅也有同样的屋顶，每幢房子至少有四面山墙，都是悬山式屋坡，前后檐和山面都出挑很大，很轻快。我们在“鸡市上”火神庙下向东拐走出仅存的一架寨门框，来到岩口山山坡上，突然发现了好景致，高兴得叫了起来。原来回头望去，只见街上重重叠叠，十分紧凑的一堆山墙头，像汪洋中的波谷浪峰，前后涌动。山墙上，裸露着穿斗式的木框架，框架之间是编竹抹泥的薄壁，有黄的，有白的，还有几处泥层剥落，色彩很丰富。又经深

① 因为匪患猖獗，大漕河和小漕河流域多碉楼。沿蒲江河西岸向下游走大约1.5公里，有个小村叫下蒲，那里一座旧日地主何栋梁的大宅，碉楼现在还完好无损。小漕河两岸，许多房子的碉楼还保存着。

灰色屋檐和它们的投影勾勒，形象鲜明而挺拔，很有精神。可惜的是十字路口西北角上造了一座新住宅，三层，平屋顶，砖墙方头方脑，外面贴白瓷砖。如果只孤立地说这座新房子，它光线充足、整齐、干净、功能良好，谁也不能说它不如老房子。但在这个建筑群里，它却是个格格不入的异类，侵入者，大大破坏了整体和谐的美。贾大戎先生一再说，要拆掉，非拆不可！拆当然要拆，更要注意的是它的建造发出了一个警告，只有保护古镇的决定是不够的，如果不赶紧制定一个保护规划，定出一些规矩，日深月久，难免会东一座、西一座出现这种我们一向叫作“白色恐怖”的新房子来。造一座新房子，就意味着拆掉了一座老房子，所以，把新房子再拆掉不太难，而要恢复老房子就不可能了。2001年11月离开合江县之前，我写了一份意见交给贾先生，希望他和县里负责的先生们，把这做规划的事好好抓一抓，越早越好。2002年4月再到福宝，就看到回龙街上一栋房子正在改装门面，一栋房子卸掉陶瓦，换成波纹石棉板。照这样下去，福宝很快就会失去原貌。

从火神庙走下“鸡市上”，到十字路口，向西转就进入福华街。福华街循岩口山脚的等高线走，比较平坦。它比回龙街长，有370米，一直通到上码头。从十字路口到神仙口一段大约一百米，叫老街。从神仙口起，过去街道上了坡又再顺等高线走，房屋断断续续，走百多米到靛行下坡，这一段叫“长弯头”。从靛行到上码头又是连绵的店面房屋了。老街在光绪二十五年（1899）被土匪烧光，民国初年重建。有两幢房子的柱子表面至今还留着一层焦炭。抗日战争时期，作为“大后方”的四川有过一度繁荣发展，从神仙口到靛行穿过农田建造了密接不断的新街，和长弯头平行而在它下面，长弯头渐渐被废弃了。新街曾经被日本侵略者空袭轰炸过，不久又修复了。因为这条街的背后是从岩口山延伸过来的福华山，所以就把整条街叫成福华街。包括老街、新街和上码头。上码头过了蒲江渡便是西河街。

福华街两侧密排着店面，建筑质量比回龙街上简陋一点儿，进深也小得多。近年新房子多了几间，有一幢1950年代造的供销社大楼，灰砖的，占了好长一段街面。它远比老房子坚固耐用，采光通风都要好，但它就是一脸神气，僵硬而冷峻，丝毫没有老房子的亲切感，更没有历史的沧桑感。走在老街上，看到的是一幅平民百姓日常生活的长卷，白发苍苍的老人坐在小竹椅上向我们微笑致意，也有打个招呼的，虽然听不懂，心头却有一股暖意。小学生们蹲在门槛上，趴在方凳上做功课，脖子稍稍偏一点儿，透露出顽强努力的神气。妈妈们聚在一堆，一边聊天，一边打毛衣，时不时互相讨论一下针法。老奶奶把幼小的孙子按在膝盖上，给他擦屁股，孙子装出不情愿的样子，踢着小腿，嘴里还要哼哼唧唧。可是走到灰砖大楼前面，我们只能见到高高的台阶、板硬的墙壁和黑洞洞的窗子了。

我从福宝镇建筑管理所要来一张千分之一的福宝镇测量图，用草图纸描了一张带上，然后拉上龚在书老先生，从回龙街北头走到南头，又从南头走到北头，把20世纪中叶，民国晚年到1952年土改这期间街上的店铺一家一家填在地图上。开的是什么店，卖什么货，老板叫什么，什么身份，龚先生都能记得，偶然有一家店名记不清了，用手掌拍拍脑门，几下子就能拍出来。晚上，回到招待所，把图整理一番，总共整整100家店铺和住宅。街西侧除10家住宅外全是店铺，有57家。街东侧因为有6座庙，所以只有10家住宅和20家店铺，“鸡市上”有3家豆花店。除了这类场镇通常都有的酒店、杂货、京果（糖果、糕饼之类）、黄粑（一种糯米蒸糕）、中药、绸布之类的店铺之外，有5家茶馆、4家栈房[①]、4家染坊、1家银楼、1家银店。栈房之多体现出作为水陆转运码头的福宝特色，其中一家九如栈房，可以住得下一百来位客人。坐茶馆又是四川人的习俗，而且袍哥们总是拿茶馆当作他们的活动站。银楼和银店是福宝场繁荣富有的见证。银楼是做首饰、卖首饰的，银店是兑换银两和货币的。银店在街东侧，檐阶台明石条的一头有个小小的坑，龚老先生蹲下身去，用手指抹了抹这个坑，说，这是敲银块敲出来的。当年人们从银店兑了银两，要验一验真假成色，放在这石条上敲开，时间长

① 栈房即小客店。

了，敲出了个小坑。

龚先生指认的店铺，少数几个还有争议。例如，贾大戎先生过去调查，街东侧有两座三开间的房子，楼下是大烟馆，楼上是妓院，另有几位茶馆朋友也说是的。这在富裕繁华的场镇里都很常见。但龚先生坚决说不是，一家是王汉卿栈房，一家是张吉昌糖食店。还有一座两开间房子，也在街东侧，样式比较规矩，做工考究。房子后身中央有座碉楼，前几年拆掉了。前檐下有雕花牛腿。山墙是拉弓式（当地叫象腿式）的空斗砖墙，前沿镶砌石头，刻一副对联。对联在“文化大革命”中被红卫兵凿掉了，但下联还能辨认出来，是“点缀溪山在市阛”七个字。贾先生说它是一座银楼兼银店。县文化馆老馆长王庭福先生说它是汪氏宗祠，1980年代造新区之前半幢由银行占用，半幢由税务所占用。而龚先生却一口咬定，是一座叫万泰号的竹木行的“柜上”。“柜上”就是“公司总部”的意思，只做管理工作，并不营业。为了证明，他有两条铁定的证据：一条是，这座房子原主是团总汪星五，一位后人是他的老表，现在住在贵州某地，他甚至可以打个电话去问，顺便还问清楚那副对联的上句；另一条是，他记得回龙街上有一句谚语说：“死在万泰号门前。”（这是龚先生译成了普通话对我说的，所以没有韵味）因为万泰号门前每逢集日是鱼市，鱼多而且都是死的。这句谚语的意思是：死得一钱不值。既然话说得这么硬，我只好倾向于相信他。

大家的记忆还有一些出入是由于店铺的经营项目和主人有过变化，有人记得早先的，有人记得后来的。例如，龚先生家对门，坝子南口外东侧，本来是清末一位十六岁中了举人的许宝笙造的住宅，他在家当绅粮，不开店。后来由姓赵的开店卖油盐腌腊干鱼等等。[①]

福华街上的店铺更小一点，经营项目和回龙街上差不多，不过有些手工业户，如铁匠红炉，打造农具和日用品；有木匠姓何，可以定做棺材、棕丝床绷；有竹木加工的作坊，还有烤豆腐干的。到上码头一带，则有船工、搬运工等苦力住的低级栈房和饮食店，有苦力待雇的中介

① 山墙上原有“山珍海味”的墨书招子，前年被拍电视剧的改写成了“陈记铁匠铺”。

“力行”，有收购和加工蓝靛的作坊，叫靛行。过去还有一位中医住在那里，他叫王成辉，很有名，治过劳吐血最有经验，1940年代去世，方子失传了。儿子在旧时代当过乡民代表会主席，1951年被枪毙。[①]河西岸的西河街，是临河的单面街，紧靠码头有座观音庙，往南走，有一幢周家祠堂和一幢大宅，都是比较规矩的四合院式房子，质量很好。祠堂现在成了住家大杂院，那幢大宅却成了竹制品厂。这两幢房子前有廊子阴盖街道。过了这两幢房子，有短短一条商业街，大约85米长，过去大多是栈房和饮食店，都是给去贵州的人和在上码头起岸或待船的人服务的。还有两家染坊和几家小竹木行。过了这条街，道路就渐渐进山了，山那边便是贵州。

福华街和西河街各有两家染坊，加上回龙街上四家，福宝场一共有八家染坊，龚先生能一一说出主人的姓名。就一个镇来说，很多了。这是因为当地产蓝靛的缘故。本色白坯布是小幅的，两尺多宽，从长江边的江律县白沙镇买来，由大漕河运到福宝。染成之后，一部分运回白沙销到长江两岸，大部分运往贵州。新福华街与上码头相接的地方那个专门收购蓝靛原料的大院子叫上靛房，旁边有几个提炼蓝靛染料的作坊叫下靛房，现在都住了人家。上靛房是一座四合院，倒座很窄，院子宽14.1米，深13.5米，很宽敞。右厢房和正房的进深都足足有8米。这座房子倒是很有堆栈的性格。大院门前有小道通向二三十米远的蒲江河岸，那里有个不大的专用码头。福宝的蓝靛质量很好，叫“老君靛”，是名牌。民国《合江县志·食货》说，合江南乡产的蓝靛“输出价额岁数万金。比年洋靛输入，相形见绌，销行之数渐逊往时”。这个中国腹地山区小镇的土产植物蓝靛是被舶来的化学洋蓝淘汰了的。我们在镇上还可以见到上了岁数的妇女穿着蓝靛布做的褂子，很旧了，现在买都买不到。

除了炼制蓝靛和染布，福宝还有一桩加工业就是制砖茶。春天收购鲜叶，入笼屉蒸熟，放到圆筒形容器里，用木杵夯捣（土话叫diao）成大块的茶饼。装船下长江再上溯到宜宾，在宜宾经过精加工制成砖茶，

---

① 1951年6月前西南地区“镇反”有过“扩大化”的偏差。

叫“沱茶”，运销云南、贵州。每块沱茶重一斤，叫“斤砖茶”，后来讹传为“金砖茶”。离天禄阁茶馆十字路口不远，街西有一条小巷子向西再弯向北，叫包青巷，是“diao 房”集中地。许多住户也在家里自己做茶饼出售。民国《合江县志·食货》记述：合江南乡盛产茶饼，以至清代在甘雨场设关收税，“输出茶斤岁以数十万计，今稍逊矣”！

《合江县志·食货》还说：“甘雨、佛宝各场之丝，并销境外。清季聘员设局，改良丝缫，成效渐著。遭国多难，今亦废矣！”我们在福宝已经见不到养蚕缫丝的痕迹了。

自从1980年代在场镇西面白色溪和蒲江河之间开辟了新区，1990年代又在蒲江河西岸建了“开发区”，回龙街上只剩下四五家店铺和茶馆还开门营业，冷冷清清，没有几个顾客。街两边一溜一溜都是关闭着的门板，我们要进屋，常常得托人去找主人，主人大多在新区营生。不过，这样的街道也自有它的情趣，老人们大多弄个板凳坐在家门口，捧一杯茶或者噙一根旱烟杆，神定气静，闲闲地看着什么又一无所看。偶然有人走过，双方咕噜一句问候，听不清说些什么，但都知道对方说了什么。坐久了有些闷，渐渐就两三个凑到了一起，摆古，或者诉诉胃疼、腿酸，告诉老朋友儿子给带来了什么药。清静的街道成了起居室，交流着几十年的友谊。这种友谊足以驱散寂寞，温暖心灵，帮助老人们安详地度过晚年。龚在书先生的小儿子，老幺，有修锁配钥匙的手艺，也会摆弄钟表、手电筒什么的，不过，店门经过改造，原来的活动排门改成了板壁，只留一个不大的户门，一天也看不到他接待顾客。一位李昌荣先生，属羊，71岁了，年轻时候是白沙镇上被服厂的工人，文娱积极分子，为了开展福宝的文化活动，被“组织上”调到福宝来了。现在他给人裁缝衣服，老伴儿在门外支锅灶做饭，兼管熨平他做成的衣服。但我更多的时候是看见他用一大块灰布盖住工作台。我每次走过他门前，都要停下来说几句闲话。我问：“活儿不多呀。”他说：“快活，慢活，不快不慢一百八。”做活是消遣，不指着它过日子，不想做时便不做。我也常常陪他坐一会儿，随便请教一些问题。有一次说到我在文化站看到他打鼓的照片，他一挺身站起来，唰唰唰，做了几个威武的动作，一双眼睛忽然射出了光芒，完全没有了龙钟老态。

这天中午，我和龚在书老先生互相搀扶着从上码头回到神仙口，已经很晚了，我邀老先生到招待所一起吃午饭，他坚决不肯，自己回家去了。想不到，下午再去找他，他却因为胃痛老毛病发作，住进“开发区”的卫生院了。这显然是因为太累了，我非常抱歉，赶紧买了几袋奶粉去看望他。他躺在病床上，正在打吊针，小儿子在床边守着，说是不碍大事，而且打完吊针便可以出院。我放心了一点儿，走出卫生院，这才有闲心看一看院门口拉着两条黄色过街横幅，一条上红字大书：“忠山大曲，泸州老窖，优质产品。”另一条书：“忠山大曲酒，好运天天有。”这样的广告挂在卫生院门前，倒很别致有趣。

从五显庙到万寿宫

福宝镇庙多，人人都说有三宫八庙。我们初去的时候，再三找人落实这些宫和庙，但是没有一个人说得清楚。后来渐渐明白，“三宫八庙”，不过是四川人形容庙宇之多的习惯说法。前些年，重庆建造一号桥的时候，出土了东汉时期的方砖，上面有“江州庙宫”四个字，福宝镇回龙街上的桓侯宫俗称张爷庙，清源宫叫川主庙，可见“庙”与“宫”是可以互相通用的。民国《合江县志·舆地》里，开列“在南四区佛宝场”的庙宇九座，是禹王庙、万寿宫、川主庙、王爷庙、五显庙、火神庙、董公祠、乡谊祠、桓侯宫。除了王爷庙之外，八座庙都在回龙街上。我们在福宝调查，回龙街上，至少还有一座天后宫、一座“小庙”，福华街有福华山寺，西河街有一座观音庙。另有上码头往上百十来米“铁匠屋基”的观音庙和岩口村的一座关帝庙。岩口村距福宝只有四华里，从火神庙右侧上山便是。经堂山老名字叫“大歇厂山”，绅粮龙瑞堂在半山上造了一座两层的“经堂”，才叫“经堂山”。经堂本来供龙家祖先神主，类似宗祠，后来逐渐有了宗教气，不但供奉佛、道神灵，甚至也有天主教，还搞抬笔扶乩之类的迷信活动。镇上的绅粮，年年夏天去歇夏避暑。1952年土地改革的时候，说这里有反动会道门，烧掉了神主牌，经堂也查封了。主犯蒲清儒、骆有馀等四个人都判了刑。我们粗粗调查，福宝镇不计长弯头台阶上的土地庙那样太小的

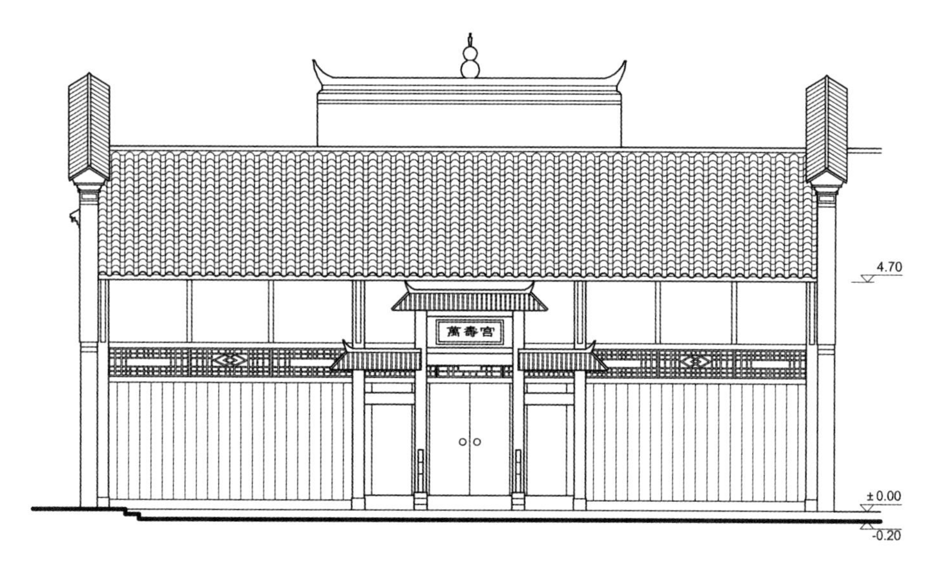

万寿宫正立面复原图

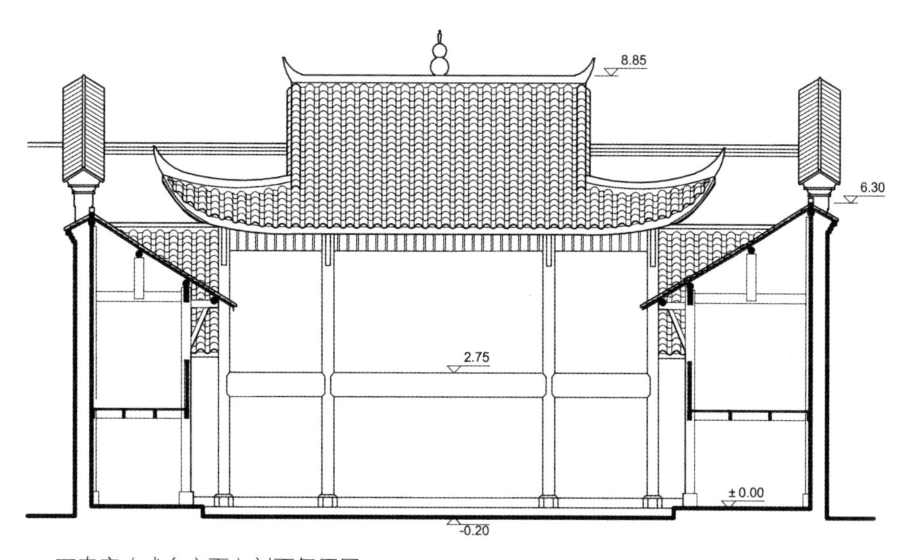

万寿宫（戏台立面）剖面复原图

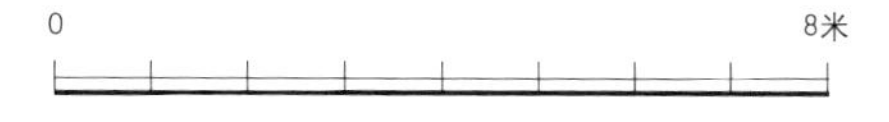

万寿宫立面 横剖面

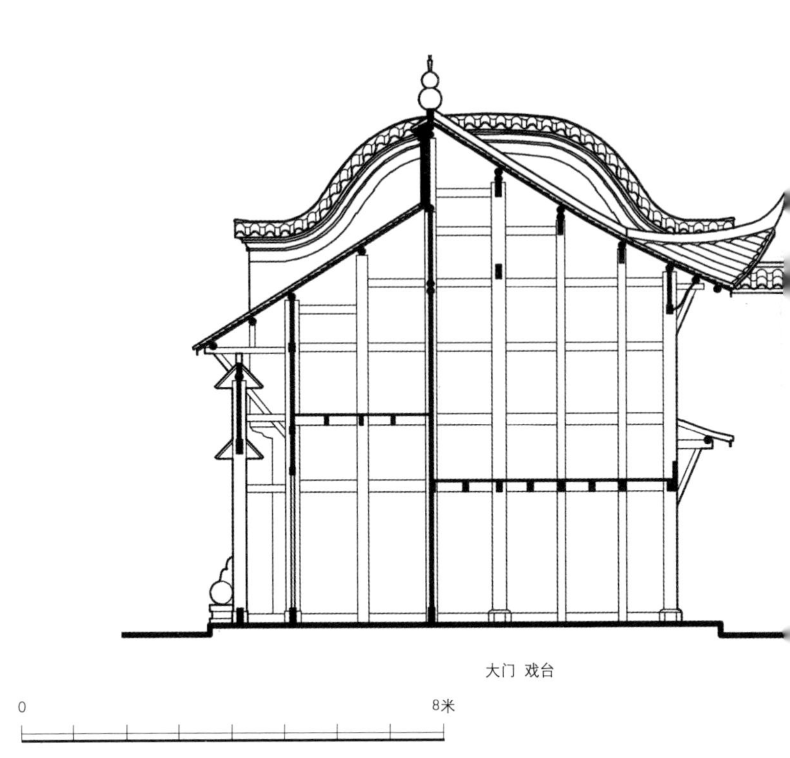

万寿宫纵剖面

坛庙，里外一共有过至少14座庙、宫、祠，现在还找得到11座。从这份宫、庙、祠清单可以看到，和全国一样，福宝的寺庙宫观，都是些实用主义的泛神崇拜，用来寄托、祈求，减轻生活中困苦的心理折磨，而与真正的宗教其实没有什么干系。

福宝镇的庙、宫、祠，数量远远多于合江其他的场镇。比福宝场大的尧坝场只有一座东岳庙，虽然它的规模远不是福宝任何一座庙宇可比。福宝的庙、宫、祠，其中大部分在回龙街上，占了老街区差不多三分之一的面积。因此，合江县的朋友们都说，福宝场是先有庙，后有镇，镇是由香火街发展起来的。我们经过调查，这个说法，大约也和三宫八庙一样，是夸张庙宇在福宝的重要性，并不能坐实。现存的这些庙绝大部分造于嘉庆和嘉庆以后，考虑到福宝场是清代初年创建的移民聚落，则到嘉庆年间才有足够的居民和财力来造庙，大致是符合实际的。而且，福宝场在嘉庆十六年（1811）曾经失过一场大火，早一点的庙、宫大都遭了灾。

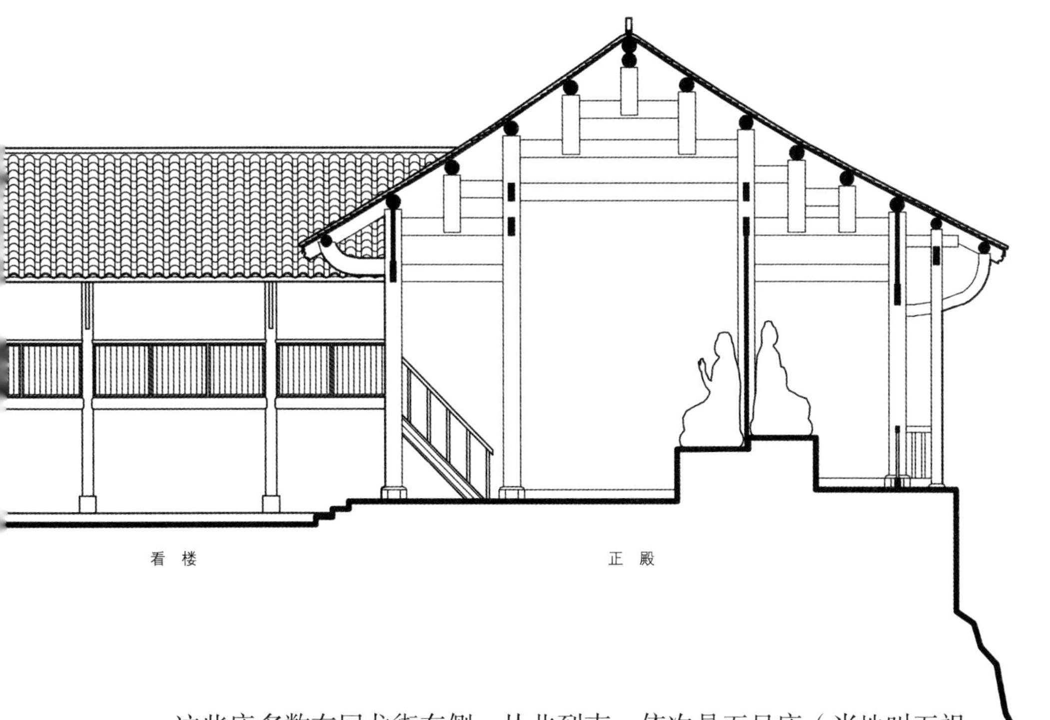

这些庙多数在回龙街东侧，从北到南，依次是五显庙（当地叫五祖庙）、土地庙、桓侯宫（即张飞庙，当地人叫张爷庙）、川主庙（即清源宫）、禹王庙、万寿宫，街西侧只有一座天后宫。街的南端，正对着街的中轴，则有火神庙、董公祠和乡谊祠。

民国《合江县志·礼俗》说："今贫苦所居，率为三间或五、七间之一列式，土筑草覆。中产以上为三合式或四合式，有土筑，有木建，有砖砌。土筑者饰垩，木建者饰油漆，均覆瓦。大抵昔低而今高。城多木料而乡多土筑。四合式或复数者为大户，檐楣窗壁藻绘刻文，或更有园亭楼阁禽鱼花竹水石之观。缭以周垣，林木蓊蔚，望而知其为故家也。"但除了西河街的几所大宅和上码头的靛青堆栈外，福宝场一律是市井的店铺房，没有正经的三合院、四合院。然而福宝场的庙宇，形制布局却是基本和全国的庙宇一样，显示出它们庄重的地位。

五显庙在回龙街北端，三开间的正殿坐南向北，总面阔10.5米，总进深9.4米，但前院左前角一条小夹道通向回龙街的拐角，开庙门朝西，

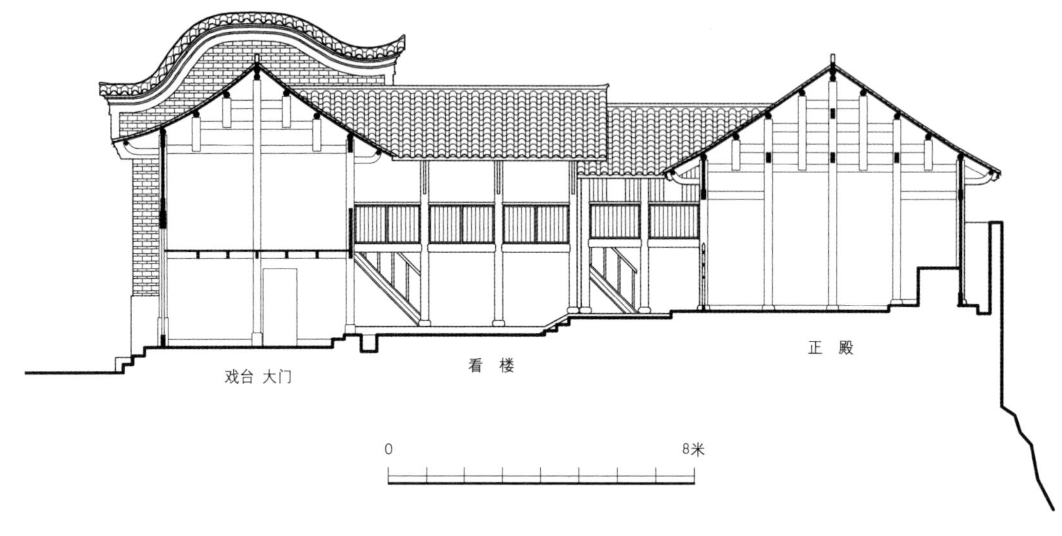

张爷庙纵剖面复原图

正对回龙桥。庙门不大，有石板为匾额，刻“永佑士民”四个大字，“道光十二年麦秋月吉旦”两行小字。左右有门联，也刻在石板上。可惜已经像万泰号的一样，被“文化大革命”的“闯将”们凿烂了，只能用手指头摸索着辨认。回龙桥过桥便是新区，桥头人多一些，好几个小青年围住了我看，我每认出一个字，他们便喝一声彩。用了好多工夫一一认出，上联是“显护士民同叨地德”，下联是“灵昭市井共荷天庥”。小青年们十分兴奋，看来他们对了解故乡文物，并非毫无兴趣。如果能调动他们的积极性，福宝古镇的保护并不会很困难。

五显神究竟是个什么神灵，历来闹不清楚，说法很多。五显神崇拜，据已有的资料来看，最早在南齐永明朝（483—493）流行于江西婺源、德兴一带。五显是五兄弟，有姓柴、姓林、姓萧各种说法。老五最神异，能治瘟病。四川罗江县人、乾隆进士李调元在嘉庆年间为罗江象鼻嘴五显庙写了一篇《记》，里面说：“五显之名，佛典以为华光菩萨所化，然不见于儒书。惟明祝允明所著《集略》有‘五显记’，引《祖殿灵应集》，言与天地同本姓。逮唐光启（885—888）降于婺源王瑜家，言当血食于此。于是建宇栖之。宋大观以后，累封王秩，宣和始封五显迪功郎。”以下说了个嘉庆元年一位云游道人治病救人的故事。道人自言姓萧。《三教源流》说萧永福一胎五子，都有神功。五子雁行为显，合称五显。老五名显德，最灵异，能降妖安民。这位李调元在所著《新搜神记·神考》里再说五显的老五“尤灵异，能降妖救难，故民争立庙祀之”。福宝老人都说五显庙里只供着一个蓝面赤髯的瘟神，那么他是老五显德。我们所见各地五显庙里的神，好像都是蓝脸赤髯而狰狞的。

老人们又说五显神也管冥司阴界的事，则又有点像五道将军。五显、五通、五道将军，还有瘟神之类，他们出身如何，身份如何，什么职司，什么长相，从来众说纷纭，这是中国民间神灵崇拜的普遍现象，并不奇怪。中国民间的神灵崇拜，要的是“有求必应”，但实际上不管灵不灵，先叩了头烧了香再说。“神灵不怪烧香人”，在艰苦的或者险恶的生存环境中，拜神是一种心灵的安慰，觉得可以有所依靠。五显庙门联所说“显护士民”“灵昭市井”，都是针对福宝这个商业场镇来说的，无关于农民和农事，这倒是很有“因地制宜”的色彩。不过，按照农村庙宇向来的习惯，五显庙里还供着许多别的神灵，“职位”最高的是玉皇大帝，其余的都是杂神。

民国年间，五显庙廊庑里是长年固定的赌场。有一些叫花子住在庙里。街上的人都说这是一处“脏地方”。每逢集日，这里是卖小吃摊贩的集中地，卖豆花、抄手、黄粑、豆腐干、凉粉、米线之类。1950年代初，庙产归了福宝供销社，到现在还是供销社职工的宿舍，廊庑和倒座改动了不少，正殿还是老样子，但也分隔成了住房。

五显庙是南北向的，回龙街在这一段有点向西偏，在街与五显庙之间的三角形地段里，造了一座小庙。小庙的轴线面对桥的轴线而稍偏南，前檐本来是完全敞开的，道光十三年（1833）刻的重建回龙桥功德碑就嵌在它的左右侧墙上。小庙好像是桥的碑亭。由小庙挤了五显庙的大门来看，它早于五显庙。回龙桥曾在道光十年（1830）重建，五显庙建于道光十二年（1832），则小庙应是道光十年到十二年间造的。

这座建筑，虽然有人叫它土地庙，但大多数居民并不知道它叫土地庙，只叫“小庙”。它里面供上土地公和土地婆，也是可能的，有例可循。土地公和灶神一样，对人们最和善，最关爱人，也从来不摆架子。或许正如孔老夫子所说，“近之则不逊”，小老百姓不太待见他们，所以土地夫妇的神庙总是马马虎虎。在福建、广东和江西，“福德正神”的位子竟在堂屋的香案底下。在回龙街中段，坝子的北口外，皮达才大宅外的墙根上，有一座不到一米高的小神龛，里面端坐着土地公两夫妻的像，慈眉善目。这倒是土地公婆常见的栖身地。这座回龙桥头小庙，虽然只有单开间，但开间比较宽，檐高也不矮，比一般村镇的土地庙要大得多。因此，我很愿意推测，这也许是四川各地很普遍的“土主庙”。土主，就是古代的蜀王杜宇。他大约在西周后期至春秋中期统治着成都平原。成书于东汉至蜀汉间的《蜀王本记》说：“后有一男子名杜宇，从天坠……乃自立为蜀王，号曰望帝，治汶山下。”成书于东晋的《华阳国志·蜀志》说：“后有王曰杜宇，教民务农，一号杜主……巴亦化其教而力务农，迄今巴、蜀民农时先祀杜主君。”这种“农时先祀杜主君”的习俗一直沿袭到民国时期，而祀杜主君的庙便叫“土主庙”。杜宇“教民务农”的重要内容之一是修水利。他的丞相名叫开明，是位大有成绩的治水能手，曾“决玉垒山以除水害”（见《华阳国志·蜀志》），这是都江堰水利枢纽的前期工程。开明居功夺了杜宇的王位，杜宇“欲复位，不得，死化为鹃，每春月间，昼夜悲鸣”（见《说郛》卷六十《寰宇记》）。鹃是杜宇所化，所以叫杜鹃。它仍旧关心莫误农时，一到春耕季节，便高叫“布谷，布谷”，直到啼出血来，溅满山谷，化成火红的花朵，就叫杜鹃花。四川人李白，远游安徽，想念故乡，有一首诗：“蜀中曾闻子规鸟，宣城还见杜鹃花，一叫一回一肠断，三春三月忆三巴。”现在，福宝森林风景区里，有三十多种杜鹃花于春夏之交在小漕河两岸怒放，绵延六十多公里，真正是“映山红”的奇景。如果那小庙真是“土主庙”，福宝镇再笼罩上一层浪漫主义的粉红色浓雾，“庄生晓梦迷蝴蝶，望帝春心托杜鹃”（李商隐《锦瑟》），那多么美呀！不过，我得赶紧勒住我的想象，我快越出学术工作的规范了。

前几年，小庙改成了住家，前檐封住了，还向前推出一米来宽。原本是公房，卖给了私人，现在住着一户人家，男的是复员军人杜文进，没有固定职业，常常外出打工，广州、佳木斯都去过，也干不长，少不了回来住些日子。女的在镇卫生所当会计，一个人的工资够一家用的了。女孩子上小学，可惜听力不好。我们刚来的那天，拍照片的时候希望女孩子站住，喊了多少遍都不起作用，原来她根本听不见。

小庙南边隔一家单间的黄粑店是桓侯庙。桓侯就是张飞，街上人叫它张爷庙。张飞是蜀汉的开国功臣，所以得到四川人的崇祀，各地多有专祠。也有一种“五圣宫”，祀禹王、关帝、文昌、桓侯和王爷。民间传说，张爷在桃园三结义的时候是河北涿县的屠户。《三国演义》第一回，写张飞初识刘备时的自我介绍：“某姓张，名飞，字翼德，世居涿郡，颇有庄田，卖酒屠猪，专好结交天下豪杰。”后来屠户们便把他当作行业保护神来崇拜。赶场的日子，猪肉都在张爷庙里卖，不过，据福宝国营林场已退休的前党委书记王其炳先生说，1950年以前，福宝场每逢场日不过杀三五头猪，算下来一个月最多不过杀50头猪。每头猪按例送管庙的香师半斤肉，不过，通常是卖肉的随手切一块肉给他。这个行业在福宝实在不算大，不知为什么桓侯宫却不小。

张爷庙坐东朝西，正面五开间，青砖砌。从回龙街进入中央大门，便到了戏台底下，再由两侧钻出到院坝。戏台面阔、进深都是4.67米。对面是大殿。两侧厢房的楼上是看台，左男右女，不相混杂，分别叫“男居楼”和“女居楼”。院坝里也可以看戏。庙已经十分残破，三开间的大殿只剩下一个中榀的前檐柱柱础，位置显然移动过。大殿后面紧靠白色溪。两厢和戏台上下现在都隔成了小间，当作林场工人的宿舍。

桓侯庙总面阔为13.9米，两侧厢房后檐用砖砌拉弓山墙。2001年夏天我初到四川，在资中县罗泉镇和铁佛镇见到木构悬山式屋顶群中偶然有几幢房子用五花山墙或拉弓山墙，当地建委的先生解释说，凡是用封火山墙的房子，都是闽粤赣来的客家人移民造的。如果这话当真，那么福宝张爷庙也是客家人造的了。桥头小庙里道光十三年（1833）立的道光十年（1830）重造回龙桥功德碑上，有桓侯宫捐钱的记载，则张爷庙至迟在道光十年之前就有了，确切的建造年代已经很难查考了。张爷庙左厢房临街一间早就改成了京果铺，看来庙的破败已经很久了。旧时福宝场集日，张爷庙除了肉案外，还是杂粮市，卖苞谷、豆类等等。卖主都要给庙里的香师供献一些，每头猪给香师半斤肉，杂粮也有一定规矩。

从张爷庙往南，街东侧接连有10家店铺和住宅，街道上三四十级台阶，便来到了清源宫。清源宫土名川主庙，祭祀战国时秦国蜀郡太守李冰。李冰治都江堰，惠及沱江、岷江两个流域，农业发达，终使川西平原成为“天府之国”，经济繁荣，长期居全国领先地位。因此四川甚至全国，各地都建庙奉祀，以酬谢他的功绩。因为他是蜀郡太守，所以造在外省市的，都是四川会馆。但是经堂山人、在福宝场回龙街上坝子南侧造了一座府第的清末举人许宝笙对川主是谁持有保留意见。他给离福宝场不远的元兴场上的川主庙写了一篇《募赀培修序》，里面说：“川人之祀川主也以其主此土也，能捍御也，酬以尸祝，宜也……至川主之神，相沿为李讳冰次子犀浦二郎治川河者。纪大司马晓岚作论正之。又以为神赵姓，名昱，尝为泸州刺史，除蛟害者是。[①]姑不赘。但以主吾川而祀之，宜也，亦正也。”不过，福宝场上的人们都承认川主庙祀李冰，连二郎都不提。其他各地的川主庙也都是祀李冰的。天旱，到川主庙祈雨。李冰管水利，顺手也管了天上的水。

川主庙坐南朝北，与回龙街的走向平行，以左侧墙临街，墙是砖砌的。正门在它的左厢，门额题“清源宫”三字。有门联刻在石抱框上，上联为“从蜀国特建奇勋开文翁成都兴学之先振起千秋水利”，下联为“在离堆长留胜迹溯大禹岷山导江而后又增一样神功”。这明确是说川主庙祀李冰，上句说他的启后，下句说他的承先。上联提到的文翁，名觉，字仲翁，汉景帝和武帝时任蜀郡太守，在任内致力兴学，一方面派

① 王庭福先生说赵昱为隋代嘉州太守。

郡县小吏到长安进修，回来当比较大的官和教授，一方面在成都市中修起学宫，招下县子弟来读书，这是中国最早的由地方政府办的学校。后来逐步推广到全川以至全国。《汉书·文翁传》说："至今巴蜀好文雅，文翁之化也。"文翁同时也续修水利，灌溉大量农田，以致"世平道治，民物阜康"。《汉书·循吏传》把文翁列为首位。后人杜甫也有"诸葛蜀人爱，文翁儒化成"的诗句。

"文化大革命"大破"四旧"的时候，李冰还没有被封为"法家"，不知为什么这副门联没有被凿毁。也许是因为李冰是秦国时人，"革命派"误以为他和秦始皇有关系，而焚书坑儒的秦始皇是受到"导师"的赞扬的，所以没有敢动它。正在我抄录门联的时候，住在街对门"玩友协会"里的蒲柏龄先生推门出来，站在檐阶上说，这门头上本来有三幅彩色堆塑，"文化大革命"时被破坏掉了。门梁上一幅是"张松献图"的故事，川剧里叫《西川图》，说的是东汉末年，益州牧刘璋派别驾张松到许都结曹操，受曹操侮慢，遂到荆州见刘备，受到厚待。后来刘备入蜀，张松和法正暗中接应。"备前见张松，后得法正，皆厚以恩意接纳，尽其殷勤之欢。因问蜀中阔狭，兵器人马众寡，及诸要害道里远近。松等具言之，又画地图山川处所，由是尽知益川虚实也。"（《三国志·吴书》）刘备不久便取刘璋而代之，自领益州牧，造成了后来魏、蜀、吴三分天下的大势。戏文里的故事，可能是根据《三国演义》（第六十四回）编的，和正史略有出入。这幅"西川图"的两侧各有一幅堆塑，描绘壮阔宏大的战争场面，蒲先生记不住它们出于川剧的什么剧目了。我站住了默默地想象，在这个灰暗的街上，这几幅色彩鲜艳而又场面生动的堆塑，能给福宝场增添多少蓬勃的生气呵！十几年来，我们为乡土建筑研究，跑遍南北东西，看到连山沟深处的小山村在内，没有一处的文化遗产不遭到"文化大革命"的破坏。那一场浩劫，给民族带来的惨痛损失永远不能弥补。

进了清源宫（川主庙）大门，经过左厢房的一个转折，就来到院坝里。左手边是戏台，右手边是大殿。戏台三开间，中榀一对台柱是石质的，刻着楹联，“文化大革命”期间被用石灰包住了，至今没有打开，我们看不到。幸亏龚在书先生记性好，说是：“看去俨然如是；想来或者有之。”横批“做古振今”。题联额的人叫李竹平，国民党时代在四川做过七任县长。

戏台台面前沿有一条水平的木板带，当地人叫它“照面枋”。在四川各地，这块照面枋都是精雕细刻的。我2001年夏天来的时候，从资中、自贡到合江，凡有戏台的，都以这一块照面枋上的雕刻为本场镇的骄傲，津津乐道。但福宝场川主庙戏台的这块照面枋却被砍得破破烂烂，什么都没有了，只剩下刀斧的痕迹。又幸亏龚在书老先生还记得雕刻的题材。他说，照面枋上一共五块雕刻，都是四层的玲珑透雕。正中一块，雕武戏《黄金诰》的场面，说的是秦穆公时国库亏空，财神和天官来送银子。左一是《拉铁弓》，故事是周幽王从莲台山带回一个尼姑做妃子，她拉开了满朝文武都拉不开的反王鸦里寿的铁弓，平息了一场叛乱。右一《甘露寺》讲刘备东吴招亲的故事。左二《临潼山》讲秦叔宝救唐王。右二是《太平仓》，又叫《江东桥》。故事是：朱元璋的侄子“小千岁”镇守江东桥，被陈友谅的兄弟陈英吉打败，小千岁和部将花荣被俘，不屈，被用乱箭射死。因为我看过不少这样的照面枋，所以毫不怀疑这里几块雕刻艺术的精湛。眼见它们的毁灭，我有点儿激动，龚先生说：“这算啥子，好得多的都糟蹋了啊！”后来我又到合江的尧坝场去了一趟，见到东岳庙戏台的照面枋，便拿起相机细细地照相，仿佛要为福宝川主庙捞回一点记忆。木雕在多雨的四川很容易腐烂，我再三建议，把尧坝东岳庙这条照面枋原件拆下来存到室内，另做一条复制品装在室外。主事的人说，东岳庙这条枋子是从别处拆来的。但是，拆来的也是宝贝呀！也应该精心保护。

民国年间，川主庙当过乡政府，乡长、师爷，还有一班警察，都住在里面。1950年后，成了供销社的职工宿舍，戏台、男居楼、女居楼和正殿都被分隔成小间。戏台两侧的钟鼓楼一点痕迹都没有了。正殿五开间，是全镇最大的殿堂，但轴线和戏台不正对，不知什么缘故。

东厢楼下墙上原来嵌着两方石碑，一方是“禁杀耕牛”碑，约四百余字，道光二十三年（1843）仲冬立。另一方道光十三年（1833）四月的碑，八百余字，谕示福宝，南滩一带关卡不许阻挠盐茶客商的正常贸易。可惜住户修房子时把它们扔了。

川主庙的后进，叫禹王宫。三开间大殿，轴线和川主庙的稍稍有一点错开，两侧有厢房，左厢房前端经一条小夹道向回龙街开门。禹王有“岷山导江”的神迹，是李冰的先行者，他的庙建在清源宫后面，位置倒也合适。这座大殿用抬梁式屋架，取材粗壮，柱子挺直，前金柱直径达44厘米，和当地一般建筑的柱梁偏细且都不免歪曲大不一样。

镇上的人，都说禹王宫是湖南人和湖北人捐资建造的，是湖广会馆，或者也叫三楚会馆。清代初年，“湖广填四川”之际，许多省份都有大量的人移民到四川。初来的时候，地方政权机构不完全，软弱无力，而基层社会又不能长期处于散乱状态，迫切需要有一种组织力量。早期，人口少，基于血缘关系的宗族还不可能起多大的作用，于是，在迁徙过程中便已初步形成的地缘的乡谊关系起了作用，移民在四川定居之后纷纷建立同乡会馆。这些会馆多以庙或宫这种宗教建筑的名义建造，各祀原籍代表性的神灵。民国《灌县志·礼俗记》说：“客籍人怀故土，而会馆以兴，彼各祀其乡之闻人，使有统限，于以坚团结而通情谊，亦人群之组织也。”民国《合江县志·礼俗》载：“从民籍而观，则湖广籍祀禹王、关帝、帝王，福建籍祀天后，江西籍祀许真君，广东籍祀六祖。”

从四川省各县县志看，占移民绝大多数的湖广籍人都以禹王宫为会馆。相传禹王是河南人，神迹遍布黄河、长江两大流域，不独于湖广。所以，我想不通为什么湖广人会以禹王宫作为会馆。比较可能的原因是，湖广古为楚地，《国语·郑语》和《史记·楚世家》都说楚人先祖为祝融的后裔，祝融部落依附高辛氏部落，后来先后被夏朝统一，而夏朝是禹王建立的，《楚辞》里可见不少对禹王崇敬爱戴的深情。再则，楚人最崇拜炎帝，炎帝曾助禹王治水。更有趣的是见到四川《达县县志》里有清光绪六年（1880）重建禹王庙碑，作者为达县举人张美枢。碑文第一段是：

> 禹何人？今四川茂州汶川县人也。考之《帝王世纪》《蜀王本纪》……诸书，论辨綦详，其为蜀人无疑。夫禹为蜀人，蜀人自当奉祀……时人动谓禹王宫为湖楚人家庙，严分界域，殆未深考耳。目今之自命为蜀人者，询其祖籍，非黄州麻城即汉阳孝感，来川较早耳，何尝有楚蜀之分也！

依这位张美枢的意见，禹王是四川老乡，但他很大方，说禹王“八年著胼胝之劳，九州奏平成之绩，其功其德，固宜天下万世享祀不忒者乎？”。禹王是大家的，不宜为湖楚人所专有。对我来说，重要的是，这通碑文证实了禹王宫在四川是“湖楚人家庙”。

禹王宫大殿里有石碑，镶在左侧山墙上，但是大殿早被分隔成供销社工人宿舍，这几块碑锁在一家堆置杂物的空房里，主人到外地打工去了。我不能打开，于是便向文化站的小钟求助。小钟有办法，他找到供销社的工会主席，在他现场监证之下卸下锁钮。于是，小钟用菜刀刮去碑上涂抹的一层石灰，那是“文化大革命”时期为阻止红卫兵破坏而做的伪装。我用手电筒照着石碑，一个字一个字地抄录了下来。碑首是“为善最乐”四个大字，碑文主要内容如下：

> ……西蜀符邑之南有福宝场，昔年曾建禹王庙，历有年所，为百世享祀勿替。不意辛未岁祝融作而神庙俱毁，羊角起而铺户悉为灰烬，岂非神人之不幸乎。尤幸市之董事者倡首将昔年所积银两重修神殿，而银不敷支，未能告成。零落数载，越戊寅，复有予等念圣祀之不可久缺，特修缘簿募化，诸君共勷厥事，重整神龛御案，装彩圣像龙牌，兼修山门，海墁木石，工精无不整饬，告厥成功。爰是庙貌巍峨，焕然一新。盖我禹王陛下，四海

为一家，中国为一人，万国之为首，帝王之为尊，不惟福宝场士民顶焚，况国家春秋祭祀，而且文武诸侯朝贺叩拜之所焉。今将善果刊刻标名，永垂万古而境咸庇福泽矣。是序。大清嘉庆二十五年岁次庚辰始洗月上弦吉旦立。

这篇碑文里第一值得注意的是说“辛未岁祝融作而神庙俱毁，羊角起而铺户悉为灰烬”。按常例，这辛未应是嘉庆朝的，即嘉庆十六年（1811）。这句话帮助我们了解为什么福宝现存的庙宇大都是嘉庆十六年后造的，也帮助我们判断，福宝的民居恐怕也没有早于这一年的了。可惜碑文并没有详细说明这场火趁风势的大灾究竟造成了多少损失，有多大范围。而且，没有记载在辛未前已存在了“历有年所”的“昔年”禹王宫造于什么时候。两块碑也丝毫没有提到禹王宫和湖广籍移民的关系。这种语焉不详、不精确、不具体的文风，是典型的中国文风，中国历史之所以留下许多谜团，和这种文风大有关系。我们十几年来做乡土建筑研究已经吃够了它的苦头。不过，这块碑至少可以说明，现存的禹王宫和它的前院川主庙，建造年代不会早于1811年，大概主要工程都在1818年（戊寅）到立碑的1820年之间。

禹王宫大殿西山墙上还有一块碑，被封在另一家的厨房里。我第二次在福宝时，有一天忽见厨房门开着，便闯了进去，用手指按按糊在墙上的旧报纸，觉得里面分明是阴刻的拳头大的字。于是便请求在场的白发老翁让我撕掉报纸看一看，允许赔他一笔钱。老人坚决不肯。我一边恳求，一边撕开一个缝隙张望。碑是木质的，很少见。字为楷书而带隶味，十分漂亮，镌刻的水平也很高，笔笔中锋挺括。我甚至想把它捶拓下来。但老人一口咬定不能撕开报纸。后来老人的孙女，一个高小学生，回来吃午饭，我逗她说普通话，老人脸色和缓了一点。女孩说，老人不敢答应，怕妈妈回来会吵。住在隔壁一位老太太笑着告诉我，吃谁的饭谁就厉害，他吃儿媳妇的饭呀！他哪敢作主张，辈分高有什么用。我问女孩，妈妈什么时候回来，她说，每两个礼拜回来一次，我只好把这事委托小钟去办。小钟说他会做拓片，那更好了。[1]

禹王宫的后墙回龙街的中段最高点坝子的北端之间本来有一条巷子，所以这里叫“两岔街”，后来在巷子口上造了一幢住宅，堵死了巷子，“两岔街”的名字也没有几个人记得了。坝子长三十余米，宽八米多，由街面向东拓宽。它的东侧北头，紧靠两岔街，是面阔三间的万寿宫。万寿宫坐东朝西。西头，靠街是一座戏台，台前隔院坝是个大殿。这大殿很特别，进深达9.7米，总面宽15.4米，院坝左右厢房各三间，看戏就在院坝、厢房和大殿里。戏台已经毁了，据说是1950年代初为改放电影而拆掉的。电影早已不放，院坝里扔着两个一米多高气势汹汹的石狮子，本来是柱脚，不过并非万寿宫原物，近年才从禹王宫搬来。临街的戏台原址上造过店面，现在和大多数店面一样，是住家。所以当年万寿宫正门的样子已经不能知道了。

大殿深处，靠后墙，本来有个观音菩萨的神坛，因此这一小块地方也叫观音堂。观音大慈大悲，救苦救难，最得妇女信仰，据说“文革”之前香火很旺。

万寿宫又是江西会馆，是江西人筹资建造的，祀许逊。许逊为西晋时江西南昌人，曾任旌阳令，故又称许旌阳。后弃官学法，成为一个法力很强的道士。传说他能作法镇妖祛邪，保百姓平安、家业兴旺，并以守“一斋醮”修仙度人。宋时受封为“神功妙清真君”，所以又叫许真君，被尊为道教五大宗派之一净明道的宗祖。他的道场在南昌玉隆万寿宫，唐宋时屡次易名，明嘉靖时复改为万寿宫。许旌阳在江西普遍受到崇拜，所以江西人在外省建造会馆，都奉祀他，合乎移民“各祀其祖籍之神”的惯例，而且会馆随南昌祖地万寿宫之名也都叫万寿宫。

《新津县志》有一篇《重修万寿宫记》，作者为乾隆时四川新津知县（1749—1753年在任）黄汝亮。黄为江西分宜人氏。《记》中说：

---

① 5月底得小钟寄来的这块木碑的抄本。碑名为“聿新福宝场禹壁记”。文中记述了禹王宫系嘉庆二十三年（1818）重建。又说“禹王之祀以楚为独盛”。

> 吾乡人之入川也，涉长江，历鄱阳、洞庭、三峡之险，舟行几八千里，波涛浩渺，怵目惊心，而往来坦然忘其修阻者，佥以为神之佑。故无论通都大邑，皆立专庙，虽十室镇集，亦必建祠祀焉……夫以人之情而揆诸神，尤当推神之意以及于人，使吾乡聚处于斯者，勤其本业，毋为浮浇，而又知敦笃于梓好，有无相通，缓急相济，雍雍然如家人手足之相倚。吾知神明之感孚而庇佑其乡人，又不啻俎豆辉煌之为歆也。

这篇《记》既写明了万寿宫祀许真人的信仰上的意义，又说明了借万寿宫团结江西移民互助的现实意义，非常重要。

街上的朋友对万寿宫名称的来历又有一番议论。老人说，江西会馆以前并不叫万寿宫。清代末年慈禧太后六十大寿的时候（1894），做了许多“万寿牌”，上面刻“万岁万岁万万岁”，分送到各省长祀。江西人最忠诚，在所有的会馆里都仿制了这种“万寿牌”，并且把会馆改称“万寿宫”。福宝场这所万寿宫，过去在大殿正中就供着这样一块牌。“万寿牌”早已没有了，但大殿正中上方有一个华丽的藻井，至今还在，万寿牌本来正供在它的下面。这话当然不确，而且，在火神庙右次间山墙上的一块嘉庆十四年（1809）募化建造火神庙的功德碑上已经有万寿宫捐款的记载，可见万寿宫的名称早就有了。

街上老人们记得20世纪上半叶，万寿宫里有长年专设的赌场。赶场的日子，万寿宫里是米市。川主庙里有一块光绪十九年（1893）的告示碑，规定卖米一斗，要从中抽半合给住持。街上老人说，其实就是卖米的捧两把给他就行了。

万寿宫南厢墙上嵌着一块碑，我们搬开堆在前面的大木料，见碑文很简单，横额是“永垂万古”，碑文为“豫章阖省众姓所捐功果姓名记之于石以垂不朽”。以下是人名和捐款数。末行“皇清嘉庆戊辰岁菊月甘日吉旦”几个字很重要，戊辰为1808年，嘉庆十三年，在大火之前三年。然而碑文没有说捐款是为了什么，留下一个谜。王庭福先生在文章里说现存大殿造于嘉庆二十一年（1816），不知根据什么。

万寿宫进深大，达28.2米，却没有在后部做虚脚楼，而是用大块花岗石垒成高台基，看起来很壮观，可惜和其他轻巧透空的虚脚楼不谐调。文化站的小钟说，只凭这个石台基，就能断定它是明代造的。但很难证明。

万寿宫对面，坝子东侧是大财主皮德泰造的大宅子。他是皮达才的叔伯祖父，当过团总，有财有势，而且泼皮，曾把万寿宫占了当皮氏宗祠。可能皮氏是江西移民，可惜我们没有借到皮氏族谱。皮德泰在民国末期老死了。

从文坛到火神庙

坝子的南头，与万寿宫隔一座三开间的住宅，有一幢三开间的房子，占地290平方米，街上人都叫它“文坛”，说是读书人聚会的地方。其实文坛只是临街的前进，后进叫白云坛，二者之间有个小小院坝，现在有屋顶，用几行亮瓦采光。这布局和店铺差不多。我们进去调查，接待我们的房主叫杨银白（1932年生），1985—1992年间曾担任过福宝镇党委书记，1999年9月花了3500元买下了这幢当时被判定为危房准备拆掉的大房子，又花了一万多元维修了一遍。

杨先生把临街的文坛叫前殿，又叫正殿，从前那里设斋坛，烧盆香，祭祀孔子。儿童开蒙之时先到这里叩头行礼，然后才能上学。楼上是文化人论学谈文的地方。白云坛在后殿。前后殿一起进深26.9米，前殿在街上，白云坛挑出在明月山山脊之外，下面是虚脚楼。

后殿白云坛又分前后两部分，前面一多半是个通高两层的大厅，叫忠恕堂，杨先生说原先堂前有三间檐廊，廊里还挂着匾。忠恕堂天花板本来很华丽，正中一格画太极图，四周二十四格画二十四孝图。现在天花板只剩下分格的龙骨，绘画的板子大都失去了。侥幸有两块保存下来，杨先生把它们竖立在两个次间的窗前。一幅是“吴猛喂蚊”（即“恣蚊饱血”），一幅是“王裒泣坟”（即“闻雷泣墓”）。画面还很清晰，就是色彩黯淡了些。另外还有一块板子上画着一位美人，题款“光绪辛丑仲夏月仿青藤老人笔法于邀月山馆之西轩下，铁珊李家珍”。光绪辛丑是1901年，光绪二十七年。这幅美人画原来也是天花板上的，位置在边上。色彩比那两幅孝子图更鲜艳一些。

杨先生说，二檩上有题记，还很完整。我抬头看了半天，只朦朦胧胧见到好像有几根龙骨，其余紫灰色的一片糊涂。幸亏有两个年轻人赶来看我这个外地访问者的热闹，帮我看题记。他们一眼就找到了，读给我听，是“大清光绪二十三年岁在丁酉荷月中浣日忠恕堂敬立”。光绪二十三年是1897年。虽然没有直接的证据，但忠恕堂后面的房间和前面的文坛可能是同时一气造成的。

忠恕堂的后间传说供捐资人的祖先牌位。上有楼房三间，沿山冈东坡向下有三层虚脚楼，内设学塾。杨银白先生幼年时就在这里读过书。从镇外东面的谷地里看，这座楼房有五层，很壮观。

在白云坛和文坛之间的院坝里，据杨先生说原来有一座过亭，穿堂式，前后开门。1912年，合江县南四区福宝乡的乡公所设在这座大房子里，1953年福宝建镇，镇政府仍设在这里，把过亭拆掉了，院坝上面加了屋顶。

文坛建造的年代不早，但是关于它还是有不少争论。蒲柏龄先生就不同意说文坛祀过孔子，他说，文坛供的是文昌帝君，这地方叫文昌阁。有几位茶馆里的朋友赞同他的话。这是争论之一。争论之二是后进的那些所谓“捐资人牌位”究竟是怎么回事。供销社的王本国先生（1930年生）说，白云坛是经堂山上经堂的分坛，搞抬笔扶乩，也搞些追荐亡灵的法事道场，是个会道门。镇文化站退休下来的杨道常先生也说，这里的活动主要是扶乩，收入不少。那么，所谓白云坛，其实是个乩坛。因此发生了一个疑问，传闻中所说的牌位可能不是各家祖先，而是乩盘上降神常常出现的各路神灵。然而忠恕堂天花板上画二十四孝图，似乎又和敬祖比较切题。

1950年镇压了反动会道门之后，文坛房产归公家。1980年左右卖给服装社，用作缝纫厂。1984年服装社停业，房子闲了下来。1985年8月

30日晚上暴风雨，山墙塌掉。1999年镇政府认为它是危房，要拆掉，老书记杨银白先生就用低价从公家手里买下来了。[1]

走出回龙街中央的坝子，向南隔几家店铺便下台阶了。下十几步，过了刘家巷口，街西便是天后宫。天后宫性质很明确，全国都一样，是福建人的会馆。它占地很大，原有花园，点缀着亭阁。现在只剩下临街的一幢厅房了。这厅房正面朝西，以背面临街，但原来左右两间的东半开着店铺，现在也已经改成了住家。店铺之间有条半间宽的过道，从过道走到这厅房的西半部，左右各有一间祠堂，左边是雷家祠，右边是钟家祠。雷姓和钟姓是福建畲族的大姓，看来他们在福宝是福建籍移民的主体。从厅房前向西下高高的十来层台阶，就是花园，花园现在已经全毁，只有一棵老榕树和一些花树。1952年土地改革之后，天后宫里办起供销社来，龚在书先生在供销社工作，曾经负责改造天后宫。那棵榕树是他经手移植过来的。“当时只有这么一点粗。”他用两个虎口一比，不胜岁月匆匆之感。他分明记得，天后宫正殿背靠花园北墙，坐北面南，三开间，现在是连废墟都认不清了。

天后，也叫天妃，通称妈祖，相传是福建莆田县湄洲人，姓林，生前是一位女巫，死后“屡显神异”，救海难，退海寇，祛疫疠，捕盗贼，解旱魃，止雨潦，是中国多神崇拜里“有求必应”的最突出神灵之一。早在宋代，“妃庙遍于莆，凡大墟市、小聚落皆有之”（刘克庄《后村先生大全集·风亭新建妃庙》）。不久，天妃崇拜传遍福建全省，天后宫成了福建最重要的庙宇。然后传遍沿海各地，随着会馆又传遍中国。福建莆田人陈汝亨，清雍正进士，曾任四川安县知县，于乾隆二年（1737）为安县天后宫写了一篇《记》。里面说：“后之神以验而灵也，海之中波涛汹涌，飘一踔数千里，漫汗不见涯岸，祷之即应，叩之即在……西蜀四面巨川，万流奔赴，湍波激荡之中，舳舻往来不绝，非后之功乎？《易》曰‘地险山川丘陵’，蜀之谓也，又曰‘利涉大川’，后

① 回龙街上，有80%—90%的房子是公房。原来是庙宇、祠堂、会道门的房子，还有土改时没收的绅粮、土匪和旧政府人员等的房子。

之德也，岂特吾乡人所宜庙而祀之乎？”他也想把故乡的神祇推荐给整个四川人民。福宝的天后宫还有特殊的一对搭配，便是“先蚕”和“后土”。传说“先蚕”即嫘祖，是四川人。“后土”即“地祇”，是孕育万物的山川大地女神。这两位受人崇敬也是理所当然的，至于搭配，那就随意好了。

福宝天后宫花园地势向西南倾斜。从原正殿旧址向南下坡，又向西一拐，便到了天后宫正门。可惜正门现在也没有了，只剩一道围墙。墙外有一块比较宽敞的平坝，前面就望到白色溪了。平坝的南角，有一棵大榕树，笼罩着一座“惜字亭”，就是旧时代常有的那种焚烧有字迹的纸张的小品建筑。有的地方叫它“焚帛炉”或者径叫“仓颉亭”。这是中国人对文字特别崇敬的产物。[①]县里朋友有不少文章写到它。

这座惜字亭全用石砌，八边形，边长0.9米，七级，通高7.8米，上端以攒尖顶结束，像一座小型石塔。上面几层每边都有高浮雕，题材为人物、花草、祥禽瑞兽等等，稍显笨拙一点，但还精致。正面进纸口上阴刻“字库”二字。两侧隐起的砖柱上刻对联“双毫归杜库；一画入曹仓”。

惜字亭的重要价值在于它身上镌刻的两篇《序》。由于石板风化严重，表面呈片状剥落，序文仅存不到一半，不能通读。但较早一篇有几个字很重要：一是文末纪年“乾隆五十五年（1790）岁次庚戌天中月朔谷旦”几个字，应是初建惜字亭的时间；二是有“积聚约数百家，可称巨镇”几个字，显然是描述建亭时福宝场繁荣的情况。这是福宝历史的重要资料之一。另一篇序是嘉庆年间顺庆府训导、邑人赵予际作的，那么，它是建成后刻上去的。我初见时觉得很纳闷，后来在火神庙（三神宫）右侧山墙上一块嘉庆十四年（1809）的碑里见到几句话，意思是说“字亭”原在“官山”，官山就是义冢冈子，所以不是“洁地”，于是把

① 合江县各场镇过去几乎都有这种建筑，现在经王庭福先生调查还存五座，都是塔形，五级，高在6米以上。焦滩的一座，建于道光十年（1830），第三层上刻“惜字福禄”四字，第二层浮雕仓颉像。

它“改迁”。我这才明白，赵予际写的序是在改迁的时候刻上去的。火神庙里的那块碑是“闽中松山王恒清”撰写的，闽人而关心这座亭的选址，或许就是它改迁到福建会馆天后宫前坝子边上的原因。龚在书先生和小钟也说惜字亭是天后宫的。

惜字亭前面一条小径绕过天后宫正门层层上一大串石级到刘家巷西口，亭背后则是包青巷口。包青巷是制茶饼作坊的集中地，巷子里很幽暗。当年拍摄电视剧《憨儿司令》的时候，那位死不了的袍哥范司令就是从这条巷子仓皇出逃的。走出包青巷，回到回龙街，离十字路口就不远了。

十字路口往南，是四十八级的“鸡市上”。走完四十八级石阶，又是一个岔路口，向东出寨门上山去岩口村；继续往南再上22级台阶则来到“火神庙”前。“火神庙”正名叫“三神宫”，好大的三个字刻在门头上。庙门前一个小小的坝子，种着些花花草草，还立着一个石板桌子，几个石墩座。看来庙里的住户很喜欢美化生活环境。我们敲开门，主妇身子佝偻，或许是小儿麻痹的后遗症。这些花草当然是她种植的。人们会有种种的不幸，但人们不会因为不幸而失去对生活的爱，对美的爱。一位残疾人精心布置的小花园特别招人动心。站在小坝子上，可以俯视福宝场，一大片灰瓦屋顶勾出重重叠叠的山墙，中间裂开一条稍稍有点曲折的缝，那便是回龙街。外围，经堂山、游狮坪山、银顶山一个挨一个高高耸起，狮子山可以见到一小部分，而这小坝子就在岩口山坡，所以，“五龙抱珠”的格局看得清清楚楚。“一蛇盘三龟”也历历在目：左边的乌龟山堡，右边的天坛山，从两边护卫着古镇的明月山。白色溪看不见，但能看出它所流经的谷地，紧紧地环着“三龟”。几座山围成的盆地，空间完整，尺度适宜。盆地里小河弯弯，浅冈层层，翠竹丛丛，古木森森，这个生活环境很优美。三神宫总揽福宝场和整个盆地，仿佛是福宝场的守护者，温暖地把它拢在怀里。福宝场上有那么多的庙和宫，它们都和普通的民房混杂在一起，独有三神宫，显出神圣的光辉。它两侧山墙和后檐全用空斗砖墙封护，山墙六级，在全场镇独一无二。前檐的下部三分之二用大方石砌，上部露出木构来，但也用白灰抹住了。在盆地里四处看，它高踞全镇之上，轮廓清晰。

三神宫其实也很平常，只有三开间，通面阔13.5米，进深并不大。抬梁式屋架。因为早早改成了住家，没有香案，没有神坛，只在明间后墙上贴了一张大红纸，上面写着几个神名，左右一副大红对联。几张纸都是春节贴的，过了几个月，已经破烂不堪，难以通读了。

残疾的女主人看上去很年轻，极其谦和地招呼我们。我们在庙里，在西侧接出来的厨房里和猪圈里，在猪圈后的菜地里，走来走去，到处寻找最好的拍照角度。看出了我们的愿望，她把厨房里一扇小门打开，指引我们登上小小的木挑台。一站到挑台上，果然眼界开阔，景致丰满而多变化。显然，她对这个盆地和这个场镇的美是很在意的。我们非常高兴，谢谢她，她一笑，帮助了我们，她感到愉快。

左右两个次间的山墙上都嵌着石碑。由于没有窗子，室内很暗，我们约好第二天带上手电筒去看碑。第二天她要到街上帮人家办丧事，但想了一想，答应10点钟等着我们。第二天早晨我们路过丧家，说她已经赶回去了。我们快步走到庙里，她正等在坝子上。

我们先看右边的几块碑，是功德碑，都刻着捐款人名和款数，前几行很有内容：

> 盖闻善由人积，福从天降，古之云耳。如此境福宝场虽云旧有官山、神庙、古路、字亭，均皆不济。官山虽有，尚无容棺。神庙犹存，地非所宜。古路通衢，亦且崩颓，字亭无关，但非洁地。是以予等士庶客商合同奔议，募化善缘，置买官山，建修大路，构造离明宫，升移文昌位座、财神座，改迁惜字亭。有赖诸君慨捐锱铢，刻即功成。神圣安位于庙宇，字纸洁化于库亭，亡者得归于寸土，行者歌功于路途。庶几冥阳两格，自种福田，勒石刊名于千载，永垂大善于万年。是序……
>
> 大清嘉庆拾肆年岁次己巳孟夏月上浣吉旦。

闽中松山王恒清敬撰并书。

新买的官山就在现在的三神宫后山坡上，原来那座没有人去入葬的官山不知道在哪里。我在新区大桥上跟一大帮人聊天的时候，有人说就在乌龟山堡，龚在书先生问："哪个说的嘛，乱弹琴。"同样，字亭和两位神的神座原先在哪里也没有人知道。字面上看来，神庙可能只是抬高了位置，并没有远移，则原址极可能在今22级台阶之下，那里现在还有一块小坝子，而字亭是真正搬迁了的。

从左次间山墙上的碑可以明确知道，三神宫的三位神是文昌、火神和财神。这块碑在女主人的床背后，我们先搬开了床，见到碑额书"文昌宫历年募化碑序"。碑文先叙文昌帝君的身份地位，以后说：

……乾隆甲辰（1784）募资买房装龛以奠……嘉庆甲子（1804）再集金资承买基址，延戊辰（1808），庙乃落成……永作文昌洞天，而火神、财神亦奠其位……迩来风火宁静，生意兴隆，神恩护佐，风化弥光，作善降祥，其理不爽。（以下也说到买地以葬贫乏之丧和修路的事）

大清嘉庆十五年岁次庚午仲夏月谷旦

从这块碑可以知道：第一，"三神宫"的神首先是文昌，其次才是火神和财神；第二，三神宫落成于嘉庆十三年（1808）。但乾隆四十九年（1784）已有过一个小庙奠文昌帝君，这大概就是前一块碑所说的旧庙。

三神宫位于福宝场的南端，方位略偏东，正是风水术上认为建文昌宫和火神庙的恰当位置。风水典籍《相宅经纂》说："凡都、省、州、县、乡村，文人不利，不发利甲者，可于甲、巽、丙、丁四字方位择其吉地，立一文笔尖峰，只要高过别山，即发科甲。"三神宫正在福宝场巽、丙方位之间，文昌宫当然可以代替文笔峰，何况又在高处。火神，就是祝融。《左传・昭公二十九年》:"火正曰祝融。"《山海经・海外南经》:"南方祝融，兽身人面，乘两龙。"郭璞注:"火神也。"南方属火，所以火神庙应在福宝场之南。至于财神，则是赵公明。这位赵公明的出身和经历极其复杂，有什么能耐，管过什么事，也是众说纷纭，至迟隋文帝时候就有关于他的传说。《三教源流搜神大全》中说他"买卖求财，公能使之宜利和合"。《封神演义》第九十九回，姜子牙封神，敕封赵公明为金龙如意正一龙虎玄坛真君之神，手下有四位正神——招宝天尊、纳珍天尊、招财使者、利市仙官，所以后来民间就尊赵公明为财神。明代，赵公明被传为汉顺帝时的蜀中八部鬼帅之一，专行下痢，被张天师驱到西域。《封神演义》第四十六回，说赵公明原在峨眉山罗浮洞修行，他是四川老乡，四川人希望能多得他的照顾，称他为"增神财神"。他黑面浓须，手持铁鞭，以黑虎为坐骑。

因为三神宫里神像等等都已经没有，不知这三位神是怎么和平共处的。一位老朋友说明间正中神坛上供奉文昌帝君，前面还有"天聋""地哑"侍立。这二位并非真有残疾，而是装聋作哑，便于严守闱场秘密。天聋地哑本来是天父地母，农耕社会最高的神，他们降尊给文昌帝君当侍童，显现出科举仕途在农耕社会里的重要性。文昌帝君和财神同居一处，倒很合一些现代人的心意，烧一炷香，便可以既得文凭又得钱钞，"安逸得火吵"。不过，现在福宝场人们都只叫三神宫为火神庙，没有人再叫它为三神宫。虽然门额上有大字，竟大多根本不知道有三神宫。少数几位知道的，也说是供奉火神、风伯和雷公。福宝人突出火神崇拜自有充分的理由：街上所有的房子都是木构的，连墙都是板壁或编竹抹泥的，砖墙很少。房屋一座挨一座，丝毫没有间隙。炉灶都是明火。每逢场日街上人挤人，挤得转不了身，而那时候酒店、茶馆、豆花锅又是特别买卖兴旺，火灾的隐患十分严重。传说中的福宝场前身王家场是被两次大火彻底烧掉的，禹王宫里那块碑则说:"辛未岁（1811）祝融作而神庙俱毁，羊角起而铺户悉为灰烬。"光绪二十五年（1899），福华街被土匪抢劫后烧毁，以后又有所谓甲子（1924）火灾，也是土匪烧的。所以难怪福宝人突出地记得火神。生意人不顾学问忘了文昌是常事，不顾财神则有点儿怪，大约是山乡细民，没有多大抱负吧。

三神宫的东边，庙前小坝子的东半，有一座院子，南、西两边有曲尺形的屋子，叫董公祠，在民国《合江县志》里有记载。在卷二“治制”里，还设董慕舒的专条：他在民国初年任合江知事。

> 本以云阳知事调任合江，质直廉明，勤于理事。有讼者将讯时托某绅暗以二百金书于卷，晤谈出，故遗座上，慕舒拾得之，坐堂皇，……斥其贿托罪，掷券严惩之。时值南乡四五两区盗匪甚炽，亲往清乡，诛锄者百数十人，一时安靖。人民还乡复业，捐俸购给牛种，区人感激，建生祠佛宝场。会旱，米昂，倡办平粜，首捐银二百元。去任时，民士复醵资建遗爱亭于城北新观音寺前。

这位清正廉明的县知事，在举世皆浊的时代，竟“愤世变，于民国八年弃家从太虚法师披薙西湖，法号大觉”。不知他“觉”到了什么。好人从来都是孤独的，只有小老百姓纪念他。董公祠后来用作镇上的议事厅，希望能从他得一点正气。反过来看，小老百姓也是真可怜，难得遇上一位好官。

现在董公祠里住着一位从供销社退休下来的老人。这里空气新鲜，风景优美，又安静。老人腿脚还利索，闲来无事，喜好下去到街上找人下棋。日子过得很滋润。

三神宫里嘉庆十四年（1809）碑上写到“构造离明宫”。这离明宫就在三神宫前22级台阶下的西侧，从三神宫前的小坝子上可以俯瞰它整整齐齐的屋顶，并肩一对四合院。清代末年或民国初年，皮德泰的女儿因为生理原因不嫁（街上传说她是个阴阳人），住到这里当了女居士。后来这里专门供妇女吃斋诵经礼佛用，绅粮家寡妇或不愿出嫁的女儿，带一些田租来，集体居住，名额不限，因此叫“节孝祠”，又叫“乡谊祠”。街上人都叫它香堂祠。1952年土地改革后，取消了离明宫，房子分给十家人居住，后来又办卫生院，因为要上高高的48级台阶，不便于病人，便和供销社的木器生产社交换了房子，这事是龚在书老先生经手的。后来供销社解散，这里又成了木器社人员的住家。两座院落朝北偏西的一面，也就是朝回龙街的一面，是一排几层虚脚楼，空灵轻盈，在回龙街的高处远望，像仙山楼阁一般，夕阳斜照的时候，尤其动人。不幸的妇女们，从二三十岁住进去一直到老死，在冷酷的社会环境里，也许不失为一种解脱。

福华街中段山坡上的福华山寺，是全镇唯一现在有香火的庙宇。但是关于它的历史，各种说法差别也最大。杨道常先生记得庙里有块碑，说福华寺建于明代“Hong化”年间。这个“Hong化”，和传说瓦房头的大宅发现过“大明Hong化”题记的瓦一样，有点儿莫名其妙。在新区大桥上，老人们说，福华山寺发生过“佛道斗法”的故事。它原先是佛寺，后来被道士们夺走，改为道观。

人们只知道它向来只叫“灯棚”，没有什么寺庙的名称。所谓灯棚，指的是每年旧历腊月三十晚上到正月十五，寺前坝子上竖立十几米高的一根木柱，柱顶上水平地支出四根木杆，朝东、南、西、北四个正方位。木杆头上各挂下一串灯笼来，每串九盏，柱顶正中还有一盏玉皇灯。这些灯都是老百姓许愿为祈福才出钱来挂的，叫点天灯，每盏二两半油。许愿的人多，早早要向香师申请，经过香师掐“八字”推算之后才能酌情批准。一家一次只许点一夜。点“太平灯”的，可连点三年。点灯时要办法事，有道士主持，出钱的人跪着，很受罪的。木柱下部，又围着一圈方形的栏杆，四角也朝向正方位。每个角上放一组灯，南北两组的排列仿斗星，北斗、南斗。至于东、西两组就都说不清了。立灯柱的坝子在山坡上，地势高，所以几十盏灯笼点亮，老远就能看见。福不见得能祈到，但新春佳节，有它们点缀，喜气倒是有的。许愿人出钱点灯，给全镇带来喜气，人们应该给他们祝福。

民国《合江县志·礼俗》里说：“正月初八夜，俗称上九。是日城乡寺观皆竖灯杆，高可数丈，以绳引灯累累如贯珠。灯三十六盏者曰满树灯，九盏者曰九皇，三盏者曰三官。火树银花，其来盖久。且以灯之明暗觇岁之丰歉。其下并延缁黄修齐赞禳，鼓乐喧阗，游人如织，所谓灯节，自此始矣！”《县志》所说，是城乡寺庙都有灯杆。福宝如果十几个寺庙都有灯柱，一庙挨一庙，那景象可就灿烂如神仙世界了。

灯棚后面原来有一排房子，里面供着佛道和各路杂神。“文化大革命”把全镇老宫庙的菩萨都打烂了，宫庙住了人家，没有烧香拜佛的地方，所以1998年才有人重立香会，把灯棚那些房子整修一下，塑了神像，成个寺庙模样。因为背靠福华山，由杨道常起名叫福华山寺。

福华山寺在岩口山西脉福华山麓高坡上，大致坐东南朝西北。那一排殿堂有五个开间，院坝前沿左右有钟鼓亭，是近年用砖新建的，很笨拙。立灯柱的一对夹杆石就在两座亭子之间，偏右。

正殿明间悬“福华山”匾，一副门联写的是“此处即灵霄何必凭空求上帝；今朝成圣地定当永远佑万民”。里面有三尊神像，正中塑玉皇大帝，高坐在将近两米高的台座上，这是全寺唯一的旧神像，是早先“佛道斗法”时从五显庙搬来的。台座上写着“万神朝礼”四个字。他右手边塑万天川主，年纪轻轻，白面无须，显然是李冰次子二郎。左手边塑五祖大神，青面恶相，是个瘟神，据说就是仿回龙街上五显庙里的瘟神塑的。右次间悬“大佛殿”匾，供的是如来佛祖。门联为“真成雪巘法演曹溪继万代以还渊源一派传衣钵；化启祇园迹留鹫岭亘千秋而下鼎峙三家贯古今”。右梢间悬匾为“观音殿”，塑观音像。门联写的是“宝月珠缨紫竹林中行大道；杨枝玉露普陀山上度群生”。左边两间住着人家。中央三间退后，有前檐廊，廊子右端塑药师真人像，左端为财神菩萨像。左梢间前加了个披檐，横挂“王姥圣会”“威灵显应”两幅红幛。檐下正面坐六尊神像，按昭穆次序为天姥菩萨、眼光菩萨、送子观音、王母娘娘、木光菩萨、小观音。一位管庙的妇女，有点儿智障，给我们解释，天姥菩萨管雨水，木光菩萨治疗周身筋骨痛，王母娘娘是玉皇大帝的元配。小观音呢？该不会是观音菩萨的儿女罢。在披檐下两侧，又有蓝面狰狞的山王天子，不知管什么的；他对面贴一张红纸，写“七仙姑姐”。这位妇人说，七仙姑姐没有凡身，所以不能塑像。

福华山寺的神谱很有趣。第一是它以玉皇大帝为“万神朝礼”的主神，把如来佛祖和观音大士排挤到边上去。这种安排确实不多见，难怪街上人说福华山寺“佛道斗法”而道占胜。第二，这个神谱典型地表现了中国民间实用主义的泛神崇拜。什么佛，什么道，一概都不论不管，要的是各司其职能够“有求必应”帮老百姓“解除”各种困厄苦难的超自然力量。但又不能抽象，必须有个形，有个像，有一块泥塑木雕。

那位管庙的妇人很热心，跑了不少路到回龙桥头给我们找来了福华山寺总会首王昭富（1941年生，小商人）。他负责给庙里有香位的十七个神按时办“会”，如川主会、观音会、五祖会、玉皇上九会等等。每次庙会，办两三天道场，道士以本地的为主，也从榕山镇甚至贵州省请来。经费靠“发单”募捐和庙会时善男信女往“功德箱”里投钱。庙会时节，捐些钱来吃一顿斋饭，也可以得福，每会能办几十桌到一百多桌。平时则给人办各种法事收钱。2000年，王昭富打算恢复传统的庙会，镇上下令停办。不过还允许庙里办法事道场。灯棚恢复了，从除夕到元宵，挂十六天灯，头晚是庙里花钱，以后十五晚公开卖出，点一晚两百元。买主都是家里有事而有所求的人。

我们找遍庙里每个角落，什么旧碑都没有，哪有“Hong化”碑的影子。倒有一块正在刻的石碑倚在墙上，是造钟鼓楼捐钱人的功德碑。序文用白话写，错别字很多。

除了场里街上的这些过去的庙宇之外，福宝场在街外还有一个很重要的庙，与福宝作为水陆码头有特殊关系的庙，就是“王爷庙”。民国《合江县志·礼俗》列举行业神的时候说：“船户祀王爷。”四川省内凡有江河航运的县镇都有王爷庙。有些五圣庙内奉王爷为五圣之一。这位王爷的来历大家都说不清楚，但一致说他叫“镇江王爷”。有人说他是天庭二十六天将之一的王灵官。但王灵官是火神，怎么会来管航运的事呢？王爷庙位于回龙河外，过了回龙桥往北走几十步，经堂山脚下，面对蒲江河。这里经堂山脚逼近蒲江河，1958年“大跃进”时候为了造公路，虽然王爷庙并不在路基上，也嫌它碍事，就把它拆掉了，只剩下屋基。1980年代修路时连屋基也拆掉了，不过公路仍旧没有走在它的屋基上，后来建新区，才在它的位置上造了店面房。现在向人打听，上点儿岁数的人都知道回答：“变压器边上就是。”因为蒲江河曾是通航的河道，进出福宝场的物资有一大部分走水路运输，所以王爷庙很受尊崇，香火一向很旺。有货装船下行的老板们也来烧香叩头。自从在福宝下游筑坝造了一座水电站之后，蒲江河就不通航了。又由于林木几乎伐尽，河水枯竭，也根本通不了航了。作为行业神的王爷，自然就不受待见了。街上老人们说，王爷庙三开间，封火山墙，院前有围墙。因为坐落在经堂山坡上，所以正殿前面有很高的台阶。

镇里镇外还有好几处观音寺（堂）。观音菩萨大慈大悲，救苦救难，法相又美丽慈祥，最受妇女崇拜，因此庙多，也因此庙的规模不大，便于妇女去焚香就好。从福华街尽头上码头渡过蒲江就是西河沿街口，口上有一大块废墟空地，说是原来有座观音庙，是比较大的。再走远一点，传说望兵嘴山口也有一座。白色溪西岸，回龙桥西南，有一座观音寺，规模不小，住了两三个香师，镇上人们可以去求签、请灵媒开方治病。从上码头往上不远的“铁匠屋基”处有一个观音堂。再加上万寿宫后殿的观音堂，福宝场的观音堂可不少了。在中国民间神谱里，观音菩萨就是“爱心”的象征，他最能抚慰苦难的心。苦难中的中国乡民，多么渴望“爱心”的抚慰！

福宝场的庙宇，数量之多在全县场镇中占第一位。但没有一座说得上巍峨庄严，如尧坝场的东岳庙那样。不过，这一群庙宇，整体上看，功能齐全，应有尽有。因此，福宝场不仅仅是周围四五十里范围内的商贸中心，还是一个崇神的中心，这个范围里的乡人都来拜香，以致流传下来一句话，说福宝场是先有庙、后有场镇的。或者说，福宝场是由庙宇形成的。所以嘉庆年间的史料上，有时称福宝为“佛宝”。

为什么福宝场造了这许多庙呢？居民们有一个很有趣的解释：福宝

风水旺，但是“龙”太多了，九条或者五条，龙多了就会为“夺珠”而闹事，所以要多造些庙来镇住。

庙宇在福宝，不仅仅是求神拜仙、祈福禳灾的场所。它们在集日当市场用，缓解回龙街的拥挤；它们有戏台演戏，年时节下办各种庙会，给居民提供热热闹闹的文化娱乐；它们又是各方迁徙来的移民们的会馆，在异地他乡重建乡土情谊，略近似血缘村落里宗祠的作用；官员下乡办事，也多在庙宇里设案。庙宇是一种多功能的公共建筑，这在全中国都是一样的。

庙会·龙灯

大体弄清楚了福宝场的“三宫八庙”之后，我又要在茶馆里占座头摆龙门阵了。我想要知道这些庙宇在旧时代的动静，它们在居民生活中的作用，它们怎样走进民间风俗里去。龚在书先生的胃痛已经痊愈，出院回家了，一天早晨，我把他请到他家右邻的茶馆里，坐在下雨天坐过的那张桌子边。老板娘端上两杯茶，我告诉她，过一会儿一定有些老朋友来凑热闹，请她随时添茶。她答应着，却坐到旁边一桌跟几位老太太一起打牌去了，后来一直没有来添茶。茶馆开着，对她来说不过是一种消磨日月的方式而已，并不在乎卖不卖茶。

龚老先生已经摸透了我的需要，很快就说上了路。

各庙都由一两个香师管理，平常收些香火钱过日子。回龙桥过白色溪西南方的观音庙，有求签、扮灵媒治病赚钱，白云坛靠扶乩问卜做道场赚钱，张爷庙、清源宫（川主庙）集市日可以从猪肉、杂粮和米的买卖中得点好处。大多数庙宇有香火田，可收租谷，香师生活都不错，吃肉、娶妻、生子。香师是一种职业，他们关心着乡民们精神的需要。

除了提供求神拜佛的场合之外，庙宇还是一种文化活动的力量，这主要是演戏和办庙会。有三座庙有庙会：火神庙（正月十六）、川主庙（六月二十六）和五显庙（五月初一）。庙会由会首筹划组织，会首由居民推选出来，是个很有面子的光彩职务，不过可能要掏腰包贴补举办庙会的费用，所以会首总是有钱人。不过，庙会经费的主要来源是庙田的租子、信徒弟子的捐输和派人出去募化的所得，也由同业行会捐助一部分。福宝场上主要的行会有竹木会、盐酒会、丝棉会——是绸布帮的；还有染业的梅葛会，祀梅葛仙翁。关于梅葛仙翁，传说多了，从书卷气十足的，到土气十足的，都有。书卷气的说，梅葛仙翁就是西汉的梅福和东晋的葛洪，都修炼成仙。《太平广记·梅真君》引《稽神录》说，梅福曾将水银炼为白银，《晋书·葛洪传》则说葛洪会炼丹。总之，两位仙人都会使物质转化。染匠能使本色白坯布变成各色，好像转化物质，所以染匠把梅葛两位仙人当作行业神。福宝街上的朋友们则有土气的说法：梅、葛是两个农家小伙子，他们穿着本色白坯布衣服，摔了一跤在泥塘里，淤泥把衣服染成了黄色，再也洗不掉了，于是学会了染黄布。有一天，他们染了黄布晾在树枝上，被风吹落到草地，捡起来一看，草汁把衣服染蓝了。于是他们发现了蓝靛草。又有一天，二人喝醉了酒，吐到了染缸里，布染成了很鲜亮的蓝色，于是，他们发明了把蓝靛草发酵制成鲜蓝染料的方法。当年福宝场染坊多，所以梅葛会是个大会。

福宝场最特别的一个行会是赌博业的，它的名称也极有趣，叫“龙爪会”。福宝场赌业发达，除了茶馆都兼赌场外，万寿宫和五显庙里也有常设的专业赌场。开赌场的，从赢家所得的钱里抽十分之一，所以龙爪会最有钱。我好奇地问，这不大的福宝场，赌博能有多大的输赢呢？龚老先生说：“哎，可大了！那个厨师陈海云，龙爪会的人，跟绅粮打过两万斤谷子的赌注，格老子硬是赢了。陈海云现在83岁了，还在呐！”那个皮德泰，几辈人都干抬猪的贱业，很穷，他也靠赌钱发家。一次进了赌场，往赌台上一躺，耍泼说，输了，给你们当牛做马，赢了，给我和我身体一样重的银子。居然赢了，从此大发，后来在家里开赌场。也倒卖蓝靛，当过团总。到街上来输钱的，大多是四乡的绅粮：“他们哪里弄得明白赌场的手脚，要赢你就赢你。这叫作烫没毛猪，剥活狗皮。”

有了行会的捐助，庙会的经费就差不多了。所以会首只需贴补很少一部分。

茶桌边的人渐渐多了，几位老相识几乎到齐，说起庙会来，七嘴八舌，热闹非常。

五显庙庙会做道场五天以上。抬出神像和纸糊的瘟船游街，跟着是抬阁、高跷，人物多是各种戏剧和神话扮相，浓妆艳抹，浪媟形骸，一路吆喝叱道，铁炮震天。李昌荣先生双手一捋前襟说，“掌教老道身披法衣”，双手从耳朵边往上一伸，“戴高帽”，右手举起，“手执宝剑”，将瘟船送到河边，放到水中漂去。把瘟神送走，一方百姓便可免受瘟疫之灾。家家户户在门口设香案，陈酒肉，叩头迎送抬起游行的瘟神。夜晚在河中放河灯，大约二三百盏，烛火摇曳，水光反照，境界缥缈。五天中，各方商贩都来赶会，购销两旺，各码头哥老会人物也前来赴会。几个赌场挤满了人，吆五喝六，人人激动得青筋暴起。

更教我感到兴趣的，是看到1986年，合江县志编纂委员会出版的《合江县社会风土志》，里面写到先市场的五通庙庙会：“出神时人山人海，前呼后拥，将五通爷爷抬至赤水河边大码头，对岸五通庙也将五通娘娘抬至河边与五通爷爷隔河相会，直待瘟船下水漂流不见才依依惜别。”想不到在民间蓝脸赤发的瘟神竟也如牛郎织女般孤清而且痴情。

龚老先生特别提到，庙会前好久，各店铺就忙忙碌碌准备，到县城甚至江津、重庆去进货，大做一笔买卖。除了街上店铺，庙会期间还有许多外地摊贩来赶生意，叫作“担摊”。

川主庙庙会时，情况大致和五显庙相仿，当然没有送瘟神那一幕，更没有先市场最后五通爷爷与五通娘娘隔河相会那很有人情味的一幕。

这两次庙会都演戏，主要在川主庙，万寿宫也演过。几位朋友一致说：张爷庙的戏台好像没有演过戏。一演就演几天，天天四场，早、午、下、晚各一场。演的是川剧、灯戏和山歌戏。山歌戏又叫秧苗戏，是福宝特色，演员对唱，提问题，答问题，也有盘质和捉弄，很像“刘三姐”的对歌。演出很简单，场面只有一把琴、一套锣鼓。戏由外地请来的戏班子演，费用打进庙会经费里，人们看戏不要钱。有的大绅粮过生日做寿，也请戏班子来演出，大家免费看。所以每有演戏，台前总是人头涌动，挤得前心贴后心，以致男女看客要分开在男居楼和女居楼看。

火神庙的庙会没有这么热闹。一不抬神像游行，二不演戏，只做道场，称为“打清醮”。善男信女们进香敬神，并不含糊。庙里有个道士叫胡海珊，到各家收“火星”，便是募捐。收了钱在庙里打三天清醮给全场人们消灾。火神庙庙会之所以比较简单一点，大约和它举行的日子有关，正月十六，刚刚闹了三天龙灯，过完了大年，到了该休息的时候了。

新近恢复的福华山寺庙会会首王昭富先生有点牢骚要发。自从1998年恢复了福华山寺之后，他就想也恢复庙会。2000年初，公安局负责人口头同意了，于是，他着手筹办阴历六月二十六日的川主庙会。募了些功德钱，做好了龙灯、狮子、纸船、亭子（抬阁），也买来了大锣、唢呐，各路能人都配备齐全。四乡的小贩早已抢占了利市地盘，准备做一笔好买卖。合江县的道教中心笔架山也派了法师来。头几天就开始唱戏，花了几千块钱，镇文化站很支持。谁知正日子那天，就等时辰来到放炮了，镇政府忽然下令不许举办庙会，派出所也来了人检查阻止，于是只得偃旗息鼓，大家兴高采烈企盼了多少日子的欢乐就吹了。

说起闹龙灯，做成衣的李昌荣先生最来情绪。他是四十多年前作为骨干从白沙被调到福宝来开展文娱工作的，会吹唢呐，会唱川戏，当过秧歌和腰鼓教练，年高之后还是锣鼓队长。他说，福宝的龙灯是竹篾扎的，不很考究。各家各户自己扎一节，到了正月十三就去“接龙”游行。游行完了把龙灯烧了，并不保存。一位在离神仙口不远的福华老街东段开店的王先生，不大赞成李先生的说法。他说，李先生只知道近几十年的事，其实，过去的龙灯非常漂亮。不但各行会出钱办，各庙也出龙，最多的那年一共有九条龙。正月十三到十五，几天里赛龙灯，看哪个行会的好。王先生说：“比来比去，年年都是龙爪会的最好，是一条滚龙。哥子们有钱，又不惜钱，钱来得容易吵。”不过，李先生坚持说，龙灯本身没有什么好看，耍完了都要烧掉的。他有根据，说，龙本是赤脚大仙赵匡胤的拐杖，有一天他和陈抟老祖下棋，忘了把拐杖带回去。拐杖成了精，变成一条龙，祸害百姓。百姓就骂赵匡胤。赵匡胤知道了，说，这件事容易嘛，你们用竹篾编条龙灯，正月十四、十五耍下子再用硫黄火药烧，烧掉了，这一年它就祸害不了百姓了。百姓便照办，所以龙灯不会做得多好，“就是为了耍一次吵”。斜对面开杂货店的赵老板娘，年纪看上去也不过四十几岁，却摆起古话来，插嘴说：“哪个看灯嘛！看的是耍灯，耍会耍，把龙灯耍活了。”这句话激活了李先生，以行家里手的身份说：“耍活，就看举龙珠的。龙珠在前面逗，龙头随着上下左右盘来盘去，整条龙就活了。举龙尾的要有劲，把得住，格老子不要被甩翻了。”龙灯也要挨家挨户都去走到，家家都放鞭炮，还给红包，不管多少，是个喜庆利市。李先生接着说：“年头上天好冷，舞龙的人赤膊还会流汗，是力气活儿嘛。那么窄一条街，要舞活，要出彩，那可不容易哇。到了坝子上，空阔了，舞得飞快，左盘右转，摇头摆尾，人人喝彩，其实舞的人比在街上轻松多了。”赵老板娘还真知道些老年代的乐事，抢着说：“舞到谁家门口，那家年轻人都要拿个火炮撅断了，点着了，往舞灯人的光膀子上滋火花，叫作送火气，好得一年平安。”

龚在书老先生说：“过了年，一直闹到十五，最不肯花钱的人家也要花几个钱。初五就开市了，往后这十天里做生意的能赚半年的利。所以初五开市要放鞭炮迎财神。跟庙会一样，过年也是便宜了生意人。”1950年以后，农村经济单一化，今天斗一斗封建主义复辟，明天割一割资本主义尾巴，生活紧张，失去了光彩，庙会、龙灯之类不待人禁止就不办了。“没有了心气吵！”蒲柏龄先生，川剧的“玩友”，挤过来说，“想起这些都是几十年前的事了，现在也难恢复，没有人出钱，没有人张罗。”不知哪一位在我身后说：“这几年好了一点儿。福宝林场要办旅游了，每年端午在蒲江河上赛龙船。”我记起在镇文化站看到过李昌荣先生在赛龙船时候打鼓的照片，穿一身红绸裤褂，扎白布包头，神采飞扬。这时候他正坐在我对面，我夸赞他英姿勃勃的精神气。他一脸兴奋，好像老马又要上战场的样子，但是，叹一口气，说："后生子没个晓得怎样耍，听不懂锣鼓点子。"

年轻后生嘛，恐怕会玩龙灯、敲锣鼓的是不多了。全镇新区老街加上四乡，一共三万多人口，倒有七八千人在外地打工，当然都是后生子。打工人的生活我在别处多少也见到过一些，虽然可以挣钱，远比在老家猫着强，但是对带点浪漫色彩的以乡谊亲情为重的古老娱乐方式是太陌生了。离茶馆不远，出门向左二三十步，就是坝子，坝子西侧中央有一户人家，从早到晚，只要我路过，都见半掩着门，传出流行歌曲来。有一天我推开门探头看，原来左首小台子上放着一套卡拉OK机，一个妇女看上去四十来岁年纪，正手拿话筒在唱"天长地久"。我一进去，她不唱了，里屋走出一位年纪仿佛的男子汉。我们闲聊起来，原来他出去打过工，从广州带回来这么一套卡拉OK机。现在他们的儿女出去打工了，夫妇俩在家坐吃，无事可做便唱唱歌自我陶醉一番。我翻了翻他们的歌盘，清一色的当红流行歌曲。我问他们，会不会唱山歌、民歌，会不会唱福宝秧苗戏。他们摇摇头，一点也不会。那么，他们当然听不懂锣鼓点子了。

在这户人家的门外，坝子中央，也是从早到晚总有一位妇女独自在练习打腰鼓，几乎从不间歇。各种难度很高的动作她都做得出来，一踢腿，脚尖能触到头顶。我对她的有闲和有劲都觉得奇怪，初来头两天甚至以为她也许精神不太正常。因为我一天要在坝子上过好几次，慢慢熟了，攀谈起来，知道她已经五十岁出头，外孙女儿都上小学了。她打腰鼓，就是为了耍，为了健美，儿子在外面挣钱，媳妇给她做饭。我曾经跟李昌荣先生谈起过她，李先生摇摇头，不出声，大概觉得她也是个听不懂锣鼓点子的人。镇文化站的小钟倒很器重她，告诉我，她近日苦练功夫，为的是新年要带队演出。我们第二次到福宝时，听说有一个妇女腰鼓队，每天晚上在坝子里演练两个钟头。我们请求她们在一个下午练，她们同意了。我发现，那位天天在坝子上练功的妇女，是带队人。

她领着16位五十岁以上的妇女练了二十四套动作给我们看。年龄最大的已经68岁，动作还是很潇洒轻快。她们说，每天练两个小时，精神和体质都好多了。给腰鼓队打镲指挥的是很胖的蒲柏龄先生，那天出了一身汗，上衣都湿透了。

就在这天，我才听说，原来川剧“玩友会”里三位台柱，都早已成了我的朋友。龚在书是武生，李昌荣是小生，蒲柏龄是花脸。怪不得龚先生在讲川主庙戏台照面枋上的《黄金诰》《过江东》等戏曲的时候，竟会熟练得那么细致具体。这时再琢磨一下三位先生的脸型和身段，真是天造地设，和角色太合适了。因为鼓师去世，玩友会已经好久没有活动了。福宝的唢呐也久享盛名，唢呐的做法是古老的，用竹篾编，还传下来几十支古老的曲调。演奏的方法里最有当地特色的是“锣鼓套打”。街上有个民间器乐协会，1991年成立，有婚丧嫁娶的事他们就去演奏。每台一鼓、两“马儿”、两唢呐、一锣、一钹、一梆子。每场每人收40元。这天也给我们表演了两节，打小锣的竟是九岁的少年，胖胖的，很专注入神。

2001年秋深，一天有点儿怪，在茶馆里既听不到流行歌曲，也听不到鼓声阵阵。我问朋友们，怎么回事。一位退休的中学教师说：今天早晨八点钟，福华街走了两位老人，一位七十多岁，一位八十岁，她们不好唱了，不好闹了。哦，几十年的街坊邻里，走了人，那总是要哀悼的，这是感情，也是礼貌。上次我去三神宫，宫里那位双腿萎缩的驼背妇人也曾艰难地上下几十级台阶，走到福华街办丧事人家去帮忙。她大概根本插不上手，但她要去，这是人情。乡土生活的醇味主要的就在于这份人情。

说到老人走了，自然话题就转到办丧葬的习俗。一位朋友说：“乡下人办丧事比办婚事都费劲，办简单了怕人骂不孝，和尚道士做道场要做七七四十九天。结婚嘛，49天娃儿都怀了一个多月了。”旁边牌桌上一位老太太骂：“哪个龟儿子这么逞能！”引得满堂哄笑。我插空问：“街上人办丧事呢？”一位老先生说：“街上人没得闲房子，也没得闲功夫，死人入殓，烧七天香就抬去埋了。”我想起来，前几天到西河街去，看见一幢很整齐的住宅，三合院，大门在照墙正中，两个人正桌上叠桌，爬上去给门头扎竹枝小牌楼。从门口望进去，堂屋里，偏右，仰面躺着个死人，头冲外，身上盖着一张白床单，一双脚露着，脚尖笔直翘起。门外一小块老房基地上，已经排了七张方桌，几个人蹲在门边洗酒具餐具，显然是要吃一顿。这天我专门到福华街去看了一趟，只见丧家店堂里没有棺木，门口放了一张方桌摆香烛供品，半张桌子已经在街面上了。街对面檐阶上排开一溜四张方桌，要开席的样子。这副局促场面，不用说四十九天了，便是一天也难维持。看来丧葬习俗跟房子大小很有关系。我问朋友们，福宝街上简化丧俗有多少年了。他们说：从来就这样。不过现在更简单，有些人家只在馆子里请人吃一餐饭了事。那天傍晚我回招待所，在新区街上就见到了这种场面，一家餐厅里外都摆上酒席，几位全身麻衣重孝的人在张罗招待客人，恐怕连伤心都没得闲空。

2002年4月，我第三次到福宝的第二天正巧是清明。扫墓的时节已经过了，新街上的纸火店几乎卖空了，只剩几枝“坟飘”搁在店门口。四周山上，大小坟头都插着坟飘。坟飘像一棵树，枝枝杈杈上扎着用白纸做的叶和花，掺着些三角纸旗。风一吹，纸旗就随着飘扬，所以叫坟飘。也有只用一支竹签扎些白纸片敷衍一下的。有些坟上，密密地插许许多多这样的竹签，那倒也很有风致。

婚礼是喜兴事，所以热闹的旧俗在街上还保存得多一些。几十人抬嫁妆大游行、拜祠堂之类的节目，过去也只有乡间绅粮们才办，比较起来，街上办事还是简单了许多。过去少数街上的老板又兼绅粮，在乡里有大宅子，喜事回乡去办，那就另当别论了。

龚在书老先生掰着手指头给我讲结婚的程序。第一步是媒人介绍，对生辰八字，叫“做毛相”。第二步是，双方如果没有意见，由家长出面订婚，叫“做大相”。第三步由男家向女家送财礼，没有定规，富的多送，穷的少送，叫“定聘”。第四步举行婚礼。花轿迎来新妇，拜天地，拜祖宗，拜“香火”。我很觉奇怪，因为街上都是前店后宅，建筑简陋，店堂空间十分局促，有柜台，有货架，有酒缸，有桌椅板凳，怎么拜天地、祖宗和香火呢？老先生笑了，说，你没有留心，每家铺子，店堂后墙都是一面板壁，过去，这板壁中央高处挂着一个小小的木板做的香火架子，托板上立三块神牌，中央一块神牌，竖着的，写“天地君亲师”，它左手边一块神牌写“某（姓）氏历代宗祖”，右手边一块牌上写什么由主人的职业、行业来定。读书人家，写“七曲文昌”；木工泥瓦工写“鲁班先师”；开染坊的写“梅葛先师”；铁匠和五金匠写“李老君”，因为李老君有炼丹炉，什么都能烧化，当然炼铁不在话下；走水路运竹木的人家写“镇江王爷”。就是各写各的行业神。再外侧，一般没有什么了，讲究一点的有一副对联，无非是些老套的敬神话。托板前沿钉一块照面板，写“祖德流芳”四个字。托板上，神牌前，正中沉香炉，两边放烛台，外加一个铜磬。香火架子上面有块装饰性的檐板，中央横刻“祭如在”三个字，是孔老夫子的话。这个香火架子安放着一切该经常享受祭祀的，一年到头挂着。年时节下，家人都要礼拜，很方便，倒合乎《礼记》“庶人祭于寝”的规矩。香火架子前方，不论开什么店铺的，都有小小一方空地。“文化大革命”时候香火架子都拆光了，这空地又小，没有被我注意到。赵老板娘隔街指着她家的杂货铺叫我看。我仔细看，才见不过是货架间的过道，够站一个人而已。龚老先生说，这就够了，婚礼的时候稍稍收拾一下，推开货架，搬走两只凳子，就够两个人叩头的了。这里一叩头，天地、祖宗、行业神，都有了。起来再前后左右拜堂公伯叔，外公外婆母舅，拜长辈会得赏钱。然后再给弟弟妹妹小辈人发赏钱，叫“拿倒拜”。

这个仪式热闹而短暂。中午吃席，多少不一定。有一年大绅粮、团总、“甲子”火后当区长的皮德泰家办过一百多桌。他家就在坝子西侧，酒席摆满了坝子，还摆到街上去。流水席，谁都可以坐上去吃，不过先要送一份喜礼。

胖胖的向先生插了一句：“那个姓皮的，是个舵把子，土地改革时候逃出去当了土匪，抓起来镇压了。”他是把皮德泰和皮达才错混在一起了，说得没有水平，谁都不接他的话头。

人们的兴趣在于要听龚先生说说晚上闹新房的事，龚先生说，那叫“闹茶”。闹茶的都是年轻人，表兄弟为主，还有些朋友。少数年长的，甚至年老的也去凑趣，并没有限制。“三天无大小”，就是说，新妇进门，三天之内，老老少少都可以跟她开玩笑。闹茶的玩笑开得可厉害，实在出格，可以动嘴，也可以动手。新夫妇要耐得住最粗俗的嬉闹，不能有丝毫怠慢。闹茶也有些歌，要唱给新夫妇听。

老先生说到这里，有几个人就嚷：“你老倌子唱几个。”我知道他一定是在那种场合唱这种歌的能手，便也催他唱。他说，无非是七言四句的顺口溜，没有什么，吉祥话就是了。旁边的人不肯罢休，起劲哄他。他说：“年轻时候爱唱，现在老了，都忘记了。”有一位打牌的老太太开腔了：“把你剩下的一点点唱出来嘛！”老先生其实并不很推辞，不怯场合。他整了整衣领，好像要松开喉咙，然后唱：“墙上一朵花，妹妹喜爱它，捞也捞不到，请你抱一下。”这时闹茶的人要新郎抱新娘。这么简单几句，满足不了大家的要求，再催他唱。他想了一想，唱：“昨夜新婚隔堵墙，男嫌夜短女嫌长。铺盖盖男男盖女，花毯承女女承男。”接着又唱了几首，都带荤，博得满堂掌声。越唱到后来，老先生喉咙越敞开，居然还能来几句高亢的拖腔。最后的结束，是他唱到高兴处，一个喷口，把假牙喷了出来。

闹茶，各地都有，名称小有区别，其实是一种性启蒙，所以没遮没拦，越富有挑逗性越好。这样一场闹下来，打破了新人的羞怯、拘束，便于过和谐的婚后生活。旧时一般人家孩子结婚时候还是少年，尤其需要这种启蒙。

在我住的招待所到回龙街去的一路上，有七家“纸火店”，就是专门卖花圈、给死人用的纸扎的房子、汽车、电视机等等和冥钞、纸锭、香烛的店，其中有一家在门槛外放一张小桌子，摆着些风水术、占卜术、手相、面相和楹联大全、书信格式、万年历一类的书，其中居然有一本用土纸油印的《闹新房》，两天前我买了一本。所收录的歌，内容都是“新思想”，例如“计划生育多商量，孝顺父母切莫忘”之类，很滑稽。不过由短短九页的小册子里，可以看出闹新房还有“说喜话”“安箱”“铺床”“劝交杯酒”“洒瓜子”等小节目。

婚礼之后，隔两三天要有一次回门，即新妇带着新婿回娘家。娘家那边自然少不了认亲戚之类的活动，但这次新婿不能在丈人家留宿。

婚丧嫁娶聊得差不多了，我便问了问从年头到年尾岁时节令的情况，也问了问素日里饮食衣着起居的情况。我们的工作，由于条件的限制，不可能做春夏秋冬整个轮回的体验式调查，也不可能花长时间做过细的挖掘，还原旧时的物质和文化生活，只能适可而止。所幸的是，民国《合江县志》对风俗的描述记录非常详细。1986年12月合江县志编纂委员会编的《合江县社会风土志》，执笔喻亨仁，对民国《县志》虽有所删节，但也有所增益。

快到午饭时候了，我付了茶资，告辞了各位乡亲，约好下次再谈，往回走。几步走到坝子上，见到唱卡拉OK的一对夫妇坐在檐阶上张望来往的人。我走上去招呼，看他们除了唱歌便无事可干的悠闲生活，心里忽然冒出了一首歌。这首歌在那两本关于合江风俗的书里都有，歌词很短，是：“尖尖山，二斗坪，茅草棚棚笆笆门，要想吃干饭嘜——万不能，万不能。”

这是旧时代合江农民在悲惨生活中的呼号。我刚进大学读书的时候，同宿舍有一位物理系同学，合江邻县叙永人，姓刘，他曾经给我们唱过几次。旋律很缓慢，很平，低沉而苍凉。55年过去了，我还会唱，不过，这对中年的夫妇却只会唱缠绵的流行情歌了。

福宝其实向来不缺情歌。和福宝秧苗戏、福宝唢呐一样，福宝的情歌也很有名，这大概和人口来往流动频繁有关系。有一首很长的情歌，是男唱女答的。

男唱：“小河流水清又清，山上唱歌歌好听……三月里来百花鲜，姑娘不唱我领先。先唱一首问名姓，后唱一首把情连。有衣不穿压断箱，有歌不唱闷心肠。年轻时候还不唱，人老珠黄花不香……响鼓不用重槌打，明人不用话来提。红杏树头结满枝，再不开花待几时？……”

女答：“哥唱山歌妹在听，看你真心不真心。点灯还要双灯草，唱歌还要妹接声。隔河对唱心连心，山高水长情意深。蜜蜂见花嗡嗡叫，花见蜜蜂红满腮。喜鹊搭桥通人意，牛郎织女过河来。”

但现在这种山野情歌已经被“只要爱过这一回”，“何必终生相守，只要曾经拥有”这样的城市流行歌曲替代了。

走向未来

回龙街八十二号龚在书先生家的后院里，有一座古坟，荒圮已久，还看得出来是圆形的，直径大约有四米左右。环周本来砌一圈石条，现在只剩下正面左边大约两米长的一段了。正面朝西偏南，石条砌的，还很整齐，可惜下部被土埋没，有几个字也埋在里面了。式样大致是，上下各有比较长的水平石条，夹住四根竖立的石条，石条之间填石板，形成一个三开间的构图。正中一间上面出楼，楼顶压一块石檐口。楼正面刻四个字“寝陵伟观”。最靠边的两根石条上刻一副对联。上联“山山水水常呈□□”，下联“子子孙孙永□□□”。上面的石条有精致的浮雕，已经风化剥蚀得很厉害了。中央的石板上，左上角雕日，右上角雕月。正中竖刻“皇清待赠诰曾祖……”，下款为“乾隆三十年……”。这座老坟，当年算得上体制宏大了。

坟的前面紧挨明月山西坡，很陡。半坡上斜着一幢房屋，看屋顶尺度很大，这是王氏宗祠。我们查《王氏族谱》，有十四世王瑗，“葬福宝王氏祠后，有碑，寅山申向”。从位置和朝向看，这座大坟大体可确定是王瑗的墓。王姓福宝祠始祖王宣为第九世，崇祯十四年以后迁来，照世代排比，也大致相合。不过现在福宝的王姓人氏都不知道这墓主的名字，只知道是他们的祖先，清明节还来供一炷香。我们打算把墓前的淤土挖一挖，看看这位曾祖的名字，但找不到可以负责的人，终于不敢挖。

我们从刘家巷绕到王氏宗祠，一看这房子现状还不错，又是个“长五间”，通面阔14.5米，金柱直径30厘米。住着五户人家，王本国先生就住在左梢间。他说，原本前面有院墙，正中立一个有瓦檐的木构院门。现在墙和门都没有了，不过前面是白色溪谷地，谷地对岸便是双河街新区，景色开阔，倒也很好。我正在张望，忽然发现脚下有一块残碑，还剩四个字，右边上下两个是“讳瑗”，左边上下两个是“蒲氏”，那么，这很可能是王瑗夫妇的墓碑。于是又引起了一个问题，它和祠后的那座墓有什么关系呢？王本国先生解释说，祠里原有六块大碑，许多小碑，供销社拿宗祠办过糖厂，那时把大小石碑都碰碎了。这块“讳瑗”残石，是小碑上的，小碑不一定是墓碑。这是个悬案，关系不大，不去管它。

值得注意的是，王姓人氏现在传说，这坟里埋的人是在山里被老虎吃了的，后人只抢回来一只脚，所以这坟叫独脚坟。

福宝场附近自古多虎豹出没。流传的山歌和民间故事里关于老虎吃人、吃牛、吃猪的情节很多。贾大戎先生说，1950年代，当地驻军还专门组织过打虎除害的运动。

虎多是因为森林多。合江，尤其是它的南乡和西乡，曾经密布着原始森林。民国《合江县志·食货》说：“邑南凡五区，幅员寥阔，纵长三百里，叠嶂重山，毗接黔徼……尤富竹木……蔽日干霄，掩映岩谷。”“西二区毗连鳛水县（即今习水），亦竹木之薮也，森林畅茂，亘数十里或十余里采木者不能尽。问家之富，指林木以对。”林木是乡民的基本财富。

我到了福宝场，住在林场的招待所里，到回龙街上访问，除了粮站和供销社的职工宿舍外，几乎所有的庙宇都成了林场的职工宿舍。可是，我没有见到一片林木。四面山上都是些杂草灌木，被干黄的梯田弄得七零八落。经堂山上，有些垦地坡度早就超过了规定的极限25度。只有蒲江河岸的慈竹郁郁葱葱，还有东面林场园艺场里的橘子树挂着金色的果实。橘子本来是合江的特产，白沙场在清代曾建立过全四川最早的专征橘子税的关卡。现在，橘子树也并不成林，只在园艺场的天坛山上

临江的住宅（罗德胤 摄）

多一些。村里人说采橘子卖不了几个钱，没有兴致去采摘。不过在去园艺场路边几幢农舍的墙上刷着白灰字：“私摘一只橘子罚款五元。”

几十年来，林业局的任务是砍林，而不是造林，是自己断自己的生路而不是把日子过得越来越红火。一年有几百万方木材的“指标”，而没有种几棵树的指标。

贾大戎先生和街上所有的朋友们都说，原来四周山上全是常绿阔叶林，因为当地无霜期长，冬季也没有黄叶，满目青翠。我所住的林场招待所二楼有一间大厅是林场办的退休老职工活动站，天天有几桌麻将。管理这个活动站的老人王其炳先生是林场的前任党委书记。于是我邀王老先生花一个晚上给我们讲一讲林场的过去和现状。

虽然自古这地区居民就主要以伐竹木为生，但当初人口稀少，运输困难，每年的砍伐量和蓄积量大体平衡，真正是“青山常在，永续利用”。1952年，为造成渝铁路，需要枕木，从此开始大量砍伐山林。铁路通车后，交通方便了，又从这里采伐大量开矿用的坑木外运。1958年大炼钢铁，伐木烧高炉，好好的木材烧成灰烬，钢铁也没有炼成。同时吃公共食堂，也用上好木材当烧柴，因为好木材容易劈也容易烧。

1960、1970和1980年代，福宝林场每年的生产指标都在四五百万方左右。1982—1983年，联合国世界银行贷款改造林相，但林场把一大笔钱用来造了一条商业街。林相没有改良，贷款到期，于是大肆砍伐原始天然林去还债。但一直到那时候，砍伐的规模还不算最大，因为森林的归属不定，是贵州的还是四川的，争论不休。县界也不定，国有林和公社林也分不清。到了1990年代，边界划定，便放手大伐，例如天堂坝，90万亩森林砍光，只剩下几百亩山地可种，困难得很。幸好吸取长江1998年大洪水的教训，中央决定保护天然林，搞了个“天保工程”，1999年起福宝林场的生产指标降低到每年两万多立方米木材和30万支南竹，林业工人的任务开始转向植树育林。

这样一来，福宝林场侥幸保存下来60万亩天然常绿阔叶林。

听到这里，我大大舒了一口气。但是，生产规模小了，紧接着便发生了林业工人生活问题。林场是个“自收、自支、自给”的副科级事业单位，虽然政府给了几十万元“天保工程”补贴费，但维持不了。每年伐南竹8万到10万支，收入40万元左右，只够还农业银行贷款的利息。

原有三百多职工，曾是福宝场的主要消费力量，对刺激福宝场的繁荣起过很大的作用。现在工资只能领到70%。职工养猪和家禽，再种点儿蔬菜和粮食，勉强够吃。间伐一些小树，够烧。卖掉一点，有零钱花，不多。

于是，职工和成年子女只得外出打工。有60%的职工办了“买断工龄”或者“停薪留职”手续，男男女女，年轻的都走。一个劳动力，在外地打工，正常状态一个月能得几百元，上了千元的就难保不大正经了。王老先生停顿一下，心情显得很沉重！

我们到福宝镇水口附近的下蒲村去看旧地主何栋梁的大宅[①]，那里原来住着22户林场工人，现在只剩下一户退休的了。大宅空荡荡的。我们看到一位老太太背着锄头回来，一问，九十多岁了，刚刚去锄了菜地。其余的21户工人，都自谋生路，走了。

供销社和粮站的职工以及他们的子女，也都走这一条路，并且也带动了四乡农民。

福宝镇现在继续起着工农业产品交换市场的作用。我们在赶场的日子观察过，从称为“九条龙”的山路上来的男男女女，背篓里装的是玉米粒、红苕、春笋之类，很沉重，一清早就汗流浃背。回去的时候很轻松，背篓里装的是一点点农药、化肥和小农具，也有割一大块猪肉的。还有人买了小鸭苗，在背篓里叽叽啾啾，叫得很欢。市上卖农业生产资料的店子也不多，一家化肥店，一家兼卖农药和种子的小农具店，镰、锄、耙、柴刀之类都是手工打的。福华街上就有红炉，铁匠已经很老了，没有带徒弟。

不过福宝镇新区，双河街和新河西街，却很繁华。仔细一调查，

① 何在土改时被枪毙。现在人们说何栋梁其实“不凶”。大宅办“阶级斗争展览馆”，“文革”后拨归林场，当职工宿舍。

这繁华是靠打工仔和打工妹维持的。镇上和四乡农村一共三万多人，倒有8000人出去打工，我随意访问了16户人家，家家有人打工，少的一个，多的竟出去了4个女儿。头几年打工纯粹卖力气，近几年有搞经营的了。王书记说，有一个在重庆干建筑业，大概已经有了一千万以上的资产。打工的寄了钱回家，第一件事便是造房子。新区的房子，除了卫生院、学校和镇政府之类，都是打工人家造的。1980年代初造的大多是二三层的砖混结构楼房，1990年代末，造到五六层，现在甚至有两幢七层的了。在开发区，还有人独资造了几十米长的一排楼房。山坡上零散的新房子也都是打工仔的。他们家里人的消费水平在这个浅山农业地区就算很高的了，于是镇上就出现了一批与农业地区经济水平不符合的“高档”消费店铺。开店铺的人有打了几年工回来的，也有从老街和农村直接来的。还有从公家单位退出来的职工和他们的子女。一家店铺每月可得六百元上下的利润，老板们便也进入了“高消费”群体。打工的人也会间歇性地回来住些日子，他们出手比家人更“阔绰”一点，那就更加增大了街上的消费量，街上的消费性商业和服务业便不寻常地发达起来。酒家、饭铺至少有25家，其中有几家说得上“豪华”。最新款式的大量时装店多得无法统计，因为连成了一大片市场。老板娘到泸州进货，每礼拜背回一大包来，把长途车天天塞得满满的。而美容美发店竟有11家之多。[①]中小学生们必需的文具店却只有半家。说它半家，是因为只在百货店里放了个柜台。王书记说到美容美发店，就面带不屑之色，那里面，大约接近一半，都有不正经的勾当。王书记说，本地话叫“一、三、五”消费，便是“小姐”坐台费每次100元，付老板娘30元，茶资倒不贵，一杯只要5角。有几家美容美发店的老板娘是外面打工回来的，很懂得这种经营的门道，把店内店外装修得十分暧昧，门缝里透出紫色的灯光。几家客店、宾馆里也有干这种“服务”业的。

打工经济带来了很时髦的生活方式。年轻女子穿着一点也不比城市

---

① 王书记说有40家，大概包括“鸡市上”那种一元钱一次的小理发店，也挂着美容美发的招牌。

落伍，头发染成红色、黄色，“松糕鞋”足有几寸厚。在双河街有五家出售兼出租VCD的店铺，居然还开着两家网吧。离我们住的林场招待所不远，竟有一家娱乐城、一家歌舞厅和一家滑冰场。我溜进滑冰场去看了一圈，水磨石的旱冰场正在维修，旁边有好几个关着门的厅室，也在重新装修，不知是干什么用的。大门上很长很宽的滑冰场横匾一头耷拉下来了，我期待它修好后拍一张照片，不料那横匾被拆下来拿去重新制作了，一直到我们离开也没有做好。街上的这种文化现象，我只好称之为“打工文化”。

依靠外出打工造成的经济文化繁荣，是畸形的，不免脆弱。现在，攒钱比较多的打工仔、打工妹，已经不再在福宝安家，而到合江城里去买房子定居了。福宝的“开发区”看上去也没有多少生气，许多楼房是空的。想想，当年徽商和晋商的故乡，大概也是以类似的方式发展起来，又衰败下去的。

最引起我注意的倒是打工使浅山区小小一个福宝镇跟全国建立了密切的联系，非常开放。全镇连四乡农村只有三万八千三百多人口，2001年，程控电话有了两千门。有一天，到老西河街去，在新街上看见一家“中国移动联通公司代办处”，进去向坐在柜台后面看电视的营业员打听了一下，他说代办处在2000年11月开业，到2002年4月，每月平均有二三十户入网。这个数字不低，但他懒于给我们查一查确数，我们当然没有办法，只好退出来继续赶路。

新区街上有几个长途汽车站。到广东东莞、中山、深圳、广州，浙江温州、义乌、宁波，云南昆明，贵州贵阳，广西桂林都有来回车，是双层的卧铺车厢。旺季，如春节前后，大批民工回家、离家，天天有几班车。淡季，则要等候，凑足了一车的人数才会发车。到重庆和成都，每天都有好几趟定时班车。这些车的老板和司机，都是回乡的打工仔。大城市的打工生活教会了他们许多经营之道，把比较现代化的生意带到过去的穷乡僻壤里来了。福宝不再闭塞。现代化的信息技术和交通设施快把福宝融进统一的大市场里去了。相应，福宝的新区已经看不出什么地方特色，除了沿街多豆花店之外。我所喜欢的很有特色的竹器，街上没有店铺卖，只有赶场日，有附近村民挑着来卖。但新款时装倒可以买到。2002年4月，有四川美术学院的一班学生来回龙街写生，来的时候正逢几十年未有的暖春，只穿了夏季的短衫裤，第二天忽然又变到几十年未有的寒春，女孩子们冻得浑身起鸡皮疙瘩。她们跑到新区街上，立马就穿上了很时兴的绒衣，左看右看都满意，高兴得几个人拥在一起嘻嘻哈哈。

我第二次到福宝，过完了春节再出去打工的人还没有走尽。常常可以见到一群一群的年轻人，大多是女青年，带着提包，互相照应着上长途卧车。有一次，见一群女孩子正在上到东莞去的车，我问一个短发的："要乘多少钟头才到？""三十多个钟头。""辛苦吧！""哪里能安逸吵！像猪！想安逸就饿饭！"女孩子才16岁，初中毕业，挺秀气的，却不得不背井离乡，远走海疆。但是，丢弃"五龙抱珠"的幻想，脱离土地，正是大部分农民走向现代化必须要迈出的一步。

农村也只有在摆脱了过剩人口的压力时，才能加快现代化。

四川人远出谋生，是早有传统的。记得少年时父亲亲自给我讲授的李白《长干行》，就写四川女子思念到湖楚一带"打工"的丈夫：

> ……十六君远行，瞿塘滟滪堆。五月不可触，猿声天上哀。门前迟行迹，一一生绿苔，苔深不能扫，落叶秋风早。八月蝴蝶黄，双飞西园草，感此伤妾心，坐愁红颜老。早晚下三巴，预将书报家，相迎不道远，直至长风沙。

现在，出去打工的以女子为多了。她们不再伤春悲秋，而是满怀对新生活的追求了。

愿福宝人走向未来的道路越来越健康，越宽阔。同时，愿福宝老场镇，那条古色古香的回龙街，能长久保存下去，给他们亲切的历史记忆，丰富他们的精神世界。